Excel 2016 商务办公一本通
超值全彩版

点金文化 编著

电子工业出版社
Publishing House of Electronics Industry
北京·BEIJING

内 容 简 介

Excel 2016 是当前十分重要且流行的电子表格软件,广泛应用于日常办公和数据管理、分析工作。

本书从多个层次与应用领域列举了众多典型的 Excel 商务办公案例,系统并全面地讲解了 Excel 2016 的基本操作,数据表格的创建与编辑,格式设置与美化,公式与函数的使用,数据排序、筛选与分类汇总,统计图表的应用,数据透视表与透视图的应用,数据的模拟运算与预决算分析,数据共享与高级应用等知识。

本书结构编排合理,图文并茂,案例丰富,适用于需要经常和 Excel 电子表格软件打交道的商务办公人员学习、参考,也可以作为高等院校教材和企业培训教材。

未经许可,不得以任何方式复制或抄袭本书之部分或全部内容。
版权所有,侵权必究。

图书在版编目(CIP)数据

Excel 2016 商务办公一本通 / 点金文化编著. —北京:电子工业出版社,2017.7
ISBN 978-7-121-31551-0

Ⅰ.①E… Ⅱ.①点… Ⅲ.①表处理软件 Ⅳ.①TP391.13

中国版本图书馆 CIP 数据核字(2017)第 108303 号

策划编辑:牛 勇
责任编辑:李利健
印　　刷:北京盛通印刷股份有限公司
装　　订:北京盛通印刷股份有限公司
出版发行:电子工业出版社
　　　　　北京市海淀区万寿路 173 信箱　邮编:100036
开　　本:720×1000　1/16　印张:16.5　字数:370 千字
版　　次:2017 年 7 月第 1 版
印　　次:2017 年 7 月第 1 次印刷
定　　价:49.00 元

凡所购买电子工业出版社图书有缺损问题,请向购买书店调换。若书店售缺,请与本社发行部联系,联系及邮购电话:(010)88254888,88258888。
质量投诉请发邮件至 zlts@phei.com.cn,盗版侵权举报请发邮件至 dbqq@phei.com.cn。
本书咨询联系方式:010-51260888-819,faq@phei.com.cn。

PREFACE

Excel 2016是Office 2016办公套件中一款重要的电子表格软件,具有表格编辑、公式计算、数据处理和图表分析等功能,广泛应用于日常办公和数据管理、分析等工作。

为了帮助大家快速掌握 Excel 2016 商务办公应用,我们组织了一批微软办公专家和行业实战精英精心编写了这本书,旨在成为广大商务办公人员和职场人士提高办公效率、升职加薪的"好帮手"。

本书具有哪些特色

案例讲解,贴近职场

本书汇集了 30 多个经典实战案例,涉及行政文秘、财务会计、市场营销、人力资源、管理统计、工程预算等多个领域,总结和归纳了多个大型商业综合案例,系统地讲解了 Excel 2016 商务办公的实战应用技能。同时,本书以"功能+案例+技巧"为写作线索,采用"任务驱动"的写作手法,在有限的篇幅内力争将最有价值的技能传授给读者。

全程图解,一看即会

本书在案例讲解过程中,采用"一步一图、图文结合"的表现手法,由浅入深、循序渐进地介绍了软件功能和应用技巧,使读者能够身临其境,加快学习进度。本书既适合初学者学习参考,又适合有一定操作经验的办公人员提高办公技能。

疑难提示,贴心周到

本书在知识与技能的讲解过程中,对重点和难点以"知识加油站"和"疑难解答"的形式为读者进行剖析和解答,解决读者在学习过程中遇到的各种疑难问题,帮助读者在学习过程中少走弯路。

高手过招,画龙点睛

本书每章的最后都精心安排了"高手秘籍"一节,针对该章内容的讲解与应用,为读者重点解读专家级别的实用技巧。通过该节内容的学习,让读者快速从"菜鸟"晋升到"达人"级别。

配套资源，超值实用

本书附赠丰富的配套资源，内容超值，主要包括以下内容。

❶本书相关案例的素材文件与结果文件，方便读者按照图书内容练习。

❷本书同步教学视频，图书与视频相结合，学习效率倍增。

❸超值赠送：900 个 Excel 表格模板、800 个 PPT 实用模板、500 个 Word 文档模板，方便读者在办公中参考使用。

❹超值赠送：Office 应用技巧、电脑维护与故障排除技巧、Excel 高级应用等海量视频教程，总时长超过 22 小时。

❺超值赠送：《电脑办公应用技巧速查手册》、《Excel 数据处理与函数应用技巧速查手册》、《新手学照片处理》等电子书，总页数超过 1200 页，正式出版物价值超过 110 元。

本书适合哪些读者学习

本书适合以下读者学习使用。

（1）有一定的软件基础，但缺乏 Excel 商务办公实战应用经验的读者。

（2）日常工作效率低下，缺乏 Excel 办公应用技巧的读者。

（3）即将走入工作岗位的大中专院校学生。

（4）想提高 Excel 办公应用技能与实战应用的读者。

本书作者是谁

参与本书编写的作者具有相当丰富的 Excel 商务办公应用实战经验，其中有微软全球最有价值专家（MVP），有办公软件应用技术社区资深版主，有在外企和国有企业从事多年管理与统计工作的专家……大部分都参与过多本办公畅销书的编写工作。参与本书编写工作的有：胡子平、王天成、武玺、贺胜群、甘立富、万忠华、王津、苟庆等。

由于计算机技术发展迅速，加上编者水平有限，错误之处在所难免，敬请广大读者和同行批评、指正。

轻松注册成为博文视点社区用户（www.broadview.com.cn），扫码直达本书页面。

- **下载资源**：本书如提供示例代码及资源文件，均可在 下载资源 处下载。
- **提交勘误**：您对书中内容的修改意见可在 提交勘误 处提交，若被采纳，将获赠博文视点社区积分（在您购买电子书时，积分可用来抵扣相应金额）。
- **交流互动**：在页面下方 读者评论 处留下您的疑问或观点，与我们和其他读者一同学习交流。

页面入口：http://www.broadview.com.cn/31551

CONTENTS

| 第1章 | 初始 Excel 2016 电子表格 .... 1 |

实战应用 跟着案例学操作 2
- **1.1** 认识 Excel 2016 软件 2
  - 1.1.1 启动与退出 Excel 2016 2
  - 1.1.2 熟悉 Excel 2016 的工作界面 3
- **1.2** Excel 2016 的新增或改进功能 6
  - 1.2.1 改进的 Office 主题 6
  - 1.2.2 便捷的搜索工具 6
  - 1.2.3 新增的查询工具 7
  - 1.2.4 新增的预测功能 7
- **1.3** 优化 Excel 2016 的工作环境 8
  - 1.3.1 自定义快速访问工具栏 8
  - 1.3.2 新建、打开与保存 Excel 2016 文件 9
  - 1.3.3 管理 Excel 2016 工作簿视图 11

高手秘籍 实用操作技巧 12
- Skill 01 与他人共享工作簿 12
- Skill 02 让 Excel 程序自动保存文档 13
- Skill 03 对工作簿进行加密 14

本章小结 16

| 第2章 | Excel 2016 数据表格的创建与编辑 .... 17 |

实战应用 跟着案例学操作 18
- **2.1** 创建员工档案表 18
  - 2.1.1 创建员工档案工作簿 18
  - 2.1.2 录入员工档案信息 19
  - 2.1.3 美化表格 26
- **2.2** 设计员工绩效考核流程图 29
  - 2.2.1 插入并设置形状和箭头 30

	2.2.2 插入并设置文本框	34
	2.2.3 插入并设置 SmartArt 图形	36
2.3	制作年会日程	39
	2.3.1 插入并设置图片	39
	2.3.2 插入并设置艺术字	40
	2.3.3 插入并设置剪贴画	42

高手秘籍 实用操作技巧 ········· 42

- Skill 01 设置斜线表头 ········· 43
- Skill 02 一键改变 SmartArt 图形的左右布局 ········· 44
- Skill 03 自定义喜欢的艺术字 ········· 45

本章小结 ········· 46

第3章 Excel 2016 表格的格式设置与美化 ········· 47

实战应用 跟着案例学操作 ········· 48

3.1 制作培训需求调查表 ········· 48
- 3.1.1 创建培训需求调查表 ········· 48
- 3.1.2 美化培训需求调查表 ········· 51

3.2 制作企业内部借款单 ········· 53
- 3.2.1 创建企业内部借款单 ········· 53
- 3.2.2 打印企业内部借款单 ········· 57

3.3 制作面试通知单 ········· 59
- 3.3.1 创建应聘者信息表 ········· 59
- 3.3.2 创建 Excel 和 Word 的邮件合并 ········· 62

高手秘籍 实用操作技巧 ········· 65

- Skill 01 快速套用单元格样式 ········· 66
- Skill 02 轻松设置"0"开头的数字编号 ········· 67
- Skill 03 设置货币的"万元"单位 ········· 68

本章小结 ········· 69

第4章 Excel 2016 公式与函数的使用 ········· 70

实战应用 跟着案例学操作 ········· 71

4.1 制作年度销售统计表 ········· 71
- 4.1.1 Excel 中公式的使用规则 ········· 71
- 4.1.2 输入和编辑公式 ········· 73
- 4.1.3 复制公式 ········· 77

4.2 制作人事信息数据表 ········· 79
- 4.2.1 创建人事信息数据表 ········· 79
- 4.2.2 利用数据验证功能快速输入数据 ········· 80

目录

    4.2.3 从身份证号码中提取生日、性别等有效信息 …………………… 82
    4.2.4 应用 DATEDIF 函数计算员工年龄 …………………… 83
  4.3 统计和分析员工培训成绩 …………………… 84
    4.3.1 AVERAGE 求平均成绩 …………………… 85
    4.3.2 SUM 快速求和 …………………… 86
    4.3.3 RANK 排名次 …………………… 86
    4.3.4 COUNTIF 统计人数 …………………… 86

高手秘籍 实用操作技巧 …………………… 87
  Skill 01 如何输入数组公式 …………………… 87
  Skill 02 使用 VLOOKUP 函数查找考评成绩 …………………… 89
  Skill 03 使用 IF 嵌套函数计算员工提成 …………………… 90
  本章小结 …………………… 91

第 5 章 Excel 2016 数据的排序、筛选与分类汇总 …………………… 92

实战应用 跟着案例学操作 …………………… 93
  5.1 排序销售数据 …………………… 93
    5.1.1 简单排序 …………………… 93
    5.1.2 复杂排序 …………………… 95
    5.1.3 自定义排序 …………………… 96
  5.2 筛选订单明细 …………………… 98
    5.2.1 自动筛选 …………………… 98
    5.2.2 自定义筛选 …………………… 100
    5.2.3 高级筛选 …………………… 101
  5.3 分类汇总部门费用 …………………… 103
    5.3.1 创建分类汇总 …………………… 104
    5.3.2 删除分类汇总 …………………… 106

高手秘籍 实用操作技巧 …………………… 106
  Skill 01 使用 "Ctrl+Shift+方向键" 选取数据 …………………… 107
  Skill 02 筛选不同颜色的数据 …………………… 108
  Skill 03 把汇总项复制并粘贴到另一张表 …………………… 108
  本章小结 …………………… 110

第 6 章 Excel 2016 统计图表的应用 …………………… 111

实战应用 跟着案例学操作 …………………… 112
  6.1 利用柱形图分析员工考评成绩 …………………… 112
    6.1.1 创建柱形图表 …………………… 112
    6.1.2 调整图表布局 …………………… 113
    6.1.3 设置图表格式 …………………… 116

6.2　创建销售情况统计图 ······ 118
　　6.2.1　使用迷你图分析销量变化趋势 ······ 119
　　6.2.2　创建销量对比图 ······ 121
　　6.2.3　月销售额比例图 ······ 123
6.3　制作人力资源月报 ······ 126
　　6.3.1　制作员工总人数变化图 ······ 126
　　6.3.2　制作各部门员工性别分布图 ······ 129
　　6.3.3　制作各部门员工年龄结构分布图 ······ 131
　　6.3.4　制作各部门员工人数分布图 ······ 132

高手秘籍　实用操作技巧 ······ 136
　　Skill 01　使用推荐的图表 ······ 136
　　Skill 02　快速分析图表 ······ 137
　　Skill 03　设置双轴图表 ······ 138
　　本章小结 ······ 140

第7章　Excel 2016 数据透视表与透视图的应用 ······ 141

实战应用　跟着案例学操作 ······ 142
7.1　生成订单统计透视表 ······ 142
　　7.1.1　创建数据透视表 ······ 142
　　7.1.2　设置数据透视表字段 ······ 143
　　7.1.3　更改数据透视表的报表布局 ······ 147
　　7.1.4　美化数据透视表 ······ 148
7.2　应用数据透视图表分析产品销售情况 ······ 149
　　7.2.1　按部门分析产品销售情况 ······ 150
　　7.2.2　按月份分析各产品平均销售额 ······ 155
　　7.2.3　创建综合分析数据透视图 ······ 156

高手秘籍　实用操作技巧 ······ 159
　　Skill 01　一键调出明细数据 ······ 159
　　Skill 02　使用分组功能按月显示汇总数据 ······ 160
　　Skill 03　刷新数据透视表 ······ 161
　　本章小结 ······ 161

第8章　Excel 2016 数据的模拟运算与预决算分析 ······ 162

实战应用　跟着案例学操作 ······ 163
8.1　合并计算不同分部的销售数据 ······ 163
　　8.1.1　使用工作组创建表格 ······ 163
　　8.1.2　合并计算产品销售额 ······ 167

8.2 预测月度销售收入 ... 169
8.3 制作产品利润预测表 ... 171
8.3.1 根据单价预测产品利润 ... 172
8.3.2 根据单价和销量预测产品利润 ... 174
8.4 预测产品的保本销量 ... 176
8.4.1 创建方案 ... 177
8.4.2 显示和修改方案 ... 183
8.4.3 生成方案摘要 ... 184

高手秘籍 实用操作技巧 ... 185
- Skill 01 使用 Excel 单变量求解命令实现利润最大化 ... 186
- Skill 02 如何清除模拟运算表 ... 187
- Skill 03 使用双变量求解功能计算贷款的月供 ... 187

本章小结 ... 188

第 9 章 Excel 2016 数据共享与高级应用 ... 189

实战应用 跟着案例学操作 ... 190

9.1 共享客户信息表工作簿 ... 190
9.1.1 设置共享工作簿 ... 190
9.1.2 合并工作簿备份 ... 193
9.1.3 保护共享工作簿 ... 194

9.2 制作销售订单管理系统 ... 196
9.2.1 启用和录制宏 ... 196
9.2.2 查看和执行宏 ... 200
9.2.3 设置订单管理登录窗口 ... 201
9.2.4 链接工作表 ... 203

9.3 实现 Excel 与 Word/PPT 数据共享 ... 207
9.3.1 在 Excel 中插入 Word 表格 ... 207
9.3.2 在 Word 中粘贴 Excel 表格 ... 208
9.3.3 在 Word 文档中插入 Excel 附件 ... 209
9.3.4 在 Excel 数据表中嵌入幻灯片 ... 210

高手秘籍 实用操作技巧 ... 211
- Skill 01 启用"开发工具"选项卡 ... 211
- Skill 02 使用超链接切换工作表 ... 212
- Skill 03 使用 Mymsgbox 代码显示信息框 ... 213

本章小结 ... 214

第 10 章　Excel 2106 商务办公综合应用 ... 215

实战应用　跟着案例学操作 ... 216

10.1　员工工资数据统计与分析 ... 216
- 10.1.1　计算和统计工资数据 ... 216
- 10.1.2　管理工资数据 ... 220
- 10.1.3　制作工资数据透视图表 ... 223

10.2　使用动态图表统计和分析日常费用 ... 227
- 10.2.1　制作下拉列表引用数据 ... 228
- 10.2.2　插入和美化图表 ... 231
- 10.2.3　设置组合框控件 ... 232

10.3　Excel 在财务工作中的应用 ... 234
- 10.3.1　制作凭证录入表 ... 235
- 10.3.2　使用数据透视表制作总账 ... 238
- 10.3.3　使用分类汇总制作科目汇总表 ... 242
- 10.3.4　制作科目余额表 ... 244

高手秘籍　实用操作技巧 ... 248
- Skill 01　设置倒序排列 ... 248
- Skill 02　使用 VLOOKUP 函数制作工资条 ... 250
- Skill 03　制作半圆式饼图 ... 252

本章小结 ... 254

第 1 章

初识 Excel 2016 电子表格

本章导读

　　Excel 2016 是 Office 2016 办公软件中一款重要的电子表格软件，具有表格编辑、公式计算、数据处理和图表分析等功能。本章主要介绍 Excel 2016 软件的工作界面和新增功能，帮助读者快速优化 Excel 2016 的工作环境。

知识要点

- 启动与退出 Excel 2016
- 熟悉 Excel 2016 的工作界面
- Excel 2016 的新增或改进功能
- 自定义快速访问工具栏
- 新建、打开与保存 Excel 2016 文件
- 管理 Excel 2016 工作簿视图

案例展示

实战应用——跟着案例学操作

1.1 认识 Excel 2016 软件

Excel 2016 是 Office 2016 中的一个常用办公组件，它和 Windows 10 操作系统同步面世，完美地支持各种平台系统的全新版本，不仅拥有了更加人性化的功能，还保留了以前的经典功能，同时提供了一些合理化建议，来更好地格式化、分析及呈现数据。

Excel 2016 软件的工作界面如下图所示。

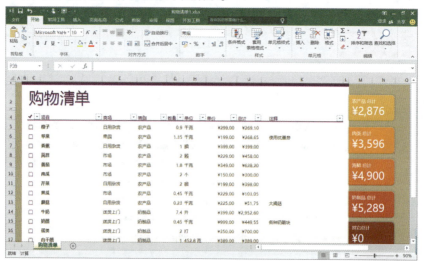

 配套文件

视频文件：教学文件\第1章\认识 Excel 2016 软件.mp4

扫码看微课

1.1.1 启动与退出 Excel 2016

Office 2016 安装完成以后，用户可以根据需要打开 Office 2016 中的任意组件，如打开软件 Excel 2016，具体操作如下。

第1章 初识 Excel 2016 电子表格

第1步：执行新建命令

在桌面空白处单击鼠标右键，在弹出的快捷菜单中选择"新建"→"Microsoft Excel Worksheet"选项。

第2步：生成工作簿

此时，即可在桌面上创建一个名为"新建 Microsoft Excel Worksheet.xlsx"的工作簿。

第3步：打开工作簿

双击桌面上新建的工作簿图标，此时即可打开新建的工作簿，如下图所示。

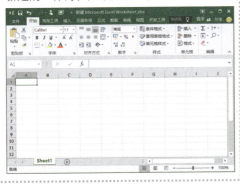

第4步：关闭工作簿

在工作簿窗口中，单击状态栏右侧的"关闭"按钮，即可退出工作簿，如下图所示。

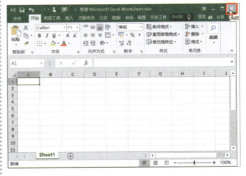

知识加油站

启动 Excel 程序的方法有很多种，常用的三种方法如下：
（1）双击桌面上的 Excel 快捷图标。
（2）从"开始"菜单启动 Excel，单击"开始→程序→Excel 图标"。
（3）直接双击任何 Excel 文件，也可打开 Excel 程序。

1.1.2 熟悉 Excel 2016 的工作界面

Excel 2016 的操作界面与 Excel 2013 相似，主要包括标题栏、快速访问工具栏、功能区、工作表编辑区、名称框、编辑栏、滚动条、状态栏等组成部分。

3

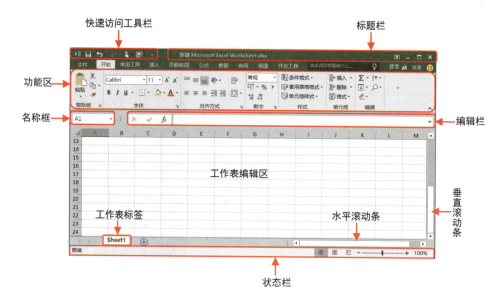

（1）标题栏

标题栏主要用于显示正在编辑的工作簿的文件名以及所使用的软件后缀名。另外，还包括功能区显示选项、最小化、最大化、还原和关闭按钮。

（2）快速访问工具栏

快速访问工具栏中的命令始终可见，主要包括Excel图标、保存按钮、撤销按钮、恢复按钮等。此外，还可以通过单击自定义快速访问工具栏按钮，在快速访问工具栏中添加常用命令。

（3）功能区

功能区主要包括"文件"、"开始"、"常用工具"、"插入"、"页面布局"、"公式"、"数据"、"审阅"、"视图"、"开发工具"等选项卡，以及工作时需要用到的命令，如"搜索"文本框、"登录"按钮、"共享"按钮和"帮助"按钮等。

单击功能区上的任意选项卡，可显示其按钮和命令。例如，在 Excel 2016 中单击"开始"选项卡，即可打开字体、对齐方式、数字、样式、单元格、编辑等方面的命令。

（4）名称框和编辑栏

在左侧的名称框中，用户可以给一个或一组单元格定义一个名称，也可以从名称框中直接选取定义过的名称来选中相应的单元格。选中单元格后可以在右侧的编辑栏中输入单元格的内容，如公式、文字或数据等。

（5）工作表区

工作表区是由多个单元表格行和单元表格列组成的网状编辑区域，用户可以在此区域内进行数据处理。

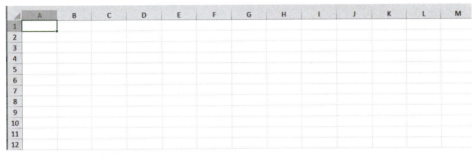

（6）工作表标签

工作表标签通常是一个工作表的名称。默认情况下，Excel 2016自动显示当前默认的一个工作表"Sheet1"，用户可以根据需要，单击左侧的"添加"按钮生成新的工作表。

（7）滚动条

滚动条主要包括水平滚动条和垂直滚动条，分别位于工作表区的下方和右侧，拖动滚动条可快速滚动并浏览工作表中的数据。

（8）状态栏

状态栏位于工作簿窗口的下方，主要包括视图切换区以及比例缩放区。

1.2 Excel 2016 的新增或改进功能

与 Excel 2013 相比,Excel 2016 在软件功能上有了很大改进,如改进了 Office 主题和便捷搜索工具,新增了搜索工具和查询工具,在数据选项卡中还提供了工作表预测功能。

Excel 2016 的新增功能如下图所示。

1.2.1 改进的 Office 主题

新版 Excel 2016 对 Office 主题进行了改进,有了更多的色彩元素,包括彩色、深灰色和白色三种主题。

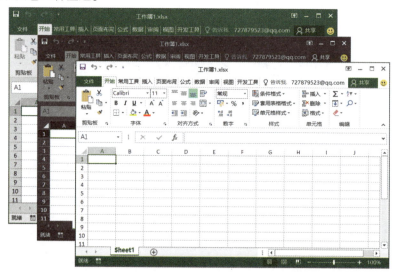

1.2.2 便捷的搜索工具

通过"告诉我你想做什么"功能,可以快速检索 Excel 功能按钮,用户无须再到选项卡中寻找某个命令的具体位置了。

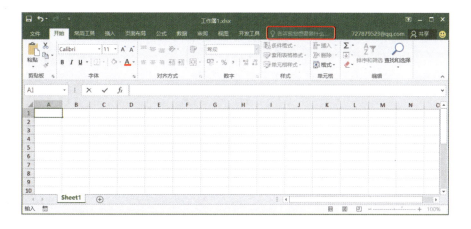

1.2.3 新增的查询工具

之前的 Excel 版本需要单独安装 Power Query 插件，而 Excel 2016 版本已经内置了查询功能，包括新建查询、显示查询、从表格、最近使用的源等按钮。

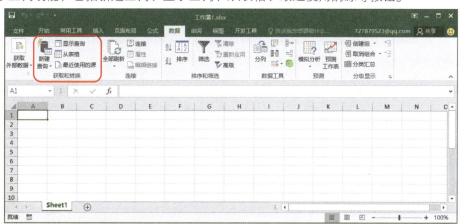

1.2.4 新增的预测功能

"数据"选项卡中新增了"预测工作表"功能，通过创建新的工作表来预测数据趋势，在生成可视化工作表之前，可以先预览不同的预测选项。

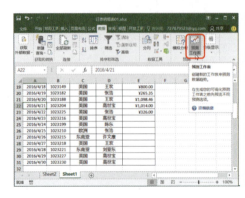

1.3 优化 Excel 2016 的工作环境

安装 Excel 2016 后，可以通过自定义快速访问工具栏，新建、打开与保存 Excel 2016 文件，管理 Excel 2016 工作簿视图等方式来优化 Excel 2016 的工作环境。

优化 Excel 2016 的工作环境的效果如下图所示。

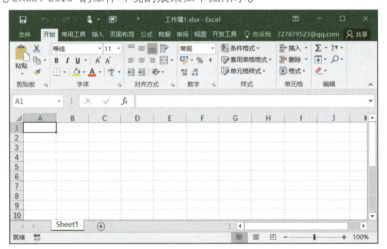

 配套文件

视频文件：教学文件\第 1 章\优化 Excel 2016 的工作环境.mp4

扫码看微课

1.3.1 自定义快速访问工具栏

在日常工作中，除可以自定义功能区外，用户还可以将一些常用命令添加到"快速访问工具栏"中，接下来以向 Excel 2016 "快速访问工具栏"中添加"冻结窗格"命令为例进行详细介绍，具体操作如下。

8

第 1 步：执行添加命令按钮

打开工作簿，❶单击"快速访问工具栏"右侧的下拉按钮；❷在弹出的下拉列表中选择"其他命令"选项。

第 2 步：执行添加命令

进入"Excel 选项"对话框，❶在"常用命令"列表中选择"冻结窗格"命令；❷单击"添加"按钮。

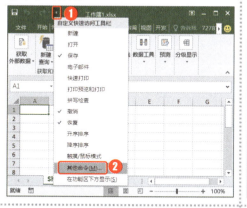

第 3 步：执行确定命令

此时，选中的"冻结窗格"命令就添加到"自定义快速访问工具栏"列表中，然后单击"确定"按钮即可。

第 4 步：查看添加效果

返回工作簿，即可在"快速访问工具栏"中看到添加的"冻结窗格"命令，如下图所示。

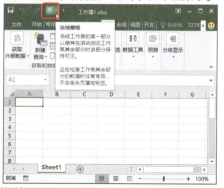

知识加油站

如果要删除"快速访问工具栏"中的命令，在"快速访问工具栏"中用鼠标右键单击要删除的命令按钮，在弹出的快捷菜单中选择"从快速访问工具栏删除"命令，即可将其删除。

1.3.2 新建、打开与保存 Excel 2016 文件

创建 Excel 2016 文件后，可以通过"打开"和"保存"命令来打开与保存 Excel 文件，具体操作如下。

第 1 步：新建 Excel 2016 文件

启动 Excel 2016 程序，即可创建一个 Excel 2016 文件，如下图所示。

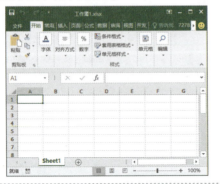

第 2 步：执行打开命令

在工作簿窗口中，单击"文件"命令，如下图所示。

第 3 步：执行浏览命令

进入"文件"界面，❶单击"打开"选项卡；❷单击"浏览"选项，如下图所示。

第 4 步：选中 Excel 文件

弹出"打开"对话框，❶选中要打开的 Excel 文件；❷单击"打开"按钮，如下图所示。

第 5 步：查看打开效果

此时即可打开选中的工作簿，如下图所示。

第 6 步：保存 Excel 文件

在打开的工作簿中单击"快速访问工具栏"中的"保存"按钮，即可保存工作簿，如下图所示。

知识加油站

在 Excel 文件的保存位置，直接双击 Excel 快捷图标，也可以快速打开 Excel 文件。

在 Excel 工作簿窗口单击"文件"命令，进入"文件"界面，单击"另存为"选项卡，选择其他保存位置，即可将 Excel 文件另存。

1.3.3 管理 Excel 2016 工作簿视图

Excel 2016 提供有"工作簿视图"功能，包括普通视图、分页预览视图和页面布局视图。默认情况下，Excel 2016 的视图方式是普通视图，如果工作表中的数据行数较多，可以采用分页预览视图来浏览 Excel 数据，还可以使用页面布局视图来设置页眉和页脚，具体操作如下。

第 1 步：执行分页浏览命令

在工作簿窗口中，❶单击"视图"选项卡；❷在"工作簿视图"组中单击"分页预览"按钮。

第 2 步：查看分页效果

此时，即可将工作表中的数据进行分页，如下图所示。

第 3 步：执行页面布局命令

❶单击"视图"选项卡；❷在"工作簿视图"组中单击"页面布局视图"按钮，如下图所示。

第 4 步：设置页眉

此时，即可进入页面布局视图，单击页眉区域即可设置页眉，如下图所示。

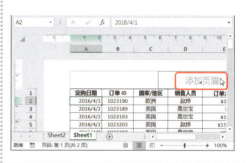

第 5 步：设置页脚

单击页脚区域即可设置页脚，如下图所示。

第 6 步：退出页面布局

❶单击"视图"选项卡；❷在"工作簿视图"组中单击"页面布局视图"按钮，即可退出页面布局视图，如下图所示。

高手秘籍　实用操作技巧

通过对前面知识的学习，相信读者已经掌握了 Excel 2016 的基本知识。下面结合本章内容，给大家介绍一些实用技巧。

配套文件

原始文件：素材文件\第 1 章\实用技巧\
视频文件：教学文件\第 1 章\高手秘籍.mp4

扫码看微课

Skill 01　与他人共享工作簿

在 Excel 2016 中，如果工作组中的成员要处理多个项目，并需要知道彼此的工作状态，可在共享工作簿中使用列表。设置共享工作簿的具体操作如下。

第 1 步：执行共享工作簿命令

打开要设置共享的工作簿，❶单击"审阅"选项卡；❷单击"更改"组中的"共享工作簿"按钮，如右图所示。

第 1 章
初识 Excel 2016 电子表格

第 2 步：设置编辑选项

此时，即可弹出"共享工作簿"对话框，❶勾选"编辑"选项卡中的"允许多用户同时编辑，同时允许工作簿合并"选项；❷单击"确定"按钮。

第 3 步：单击确定按钮

弹出"Microsoft Excel"对话框，直接单击"确定"按钮，如下图所示。

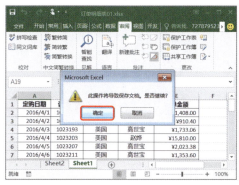

第 4 步：查看共享的工作簿

此时，即可共享该工作簿，如下图所示。

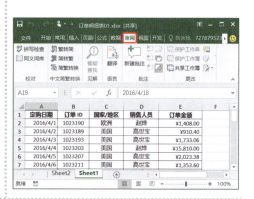

> **知识加油站**
>
> 共享工作簿之前，必须在 Excel 选项对话框中取消勾选"保存时从文件属性中删除个人信息"复选框。

Skill 02 让 Excel 程序自动保存文档

Excel 具有自动保存功能，默认情况下，每隔 10 分钟自动保存一次，可以在断电或死机的情况下最大限度地减小损失。用户可以根据需要更改自动保存的时间间隔，让 Excel 程序按一定的时间间隔自动保存文档，具体操作如下。

第1步：单击文件按钮

在打开的工作簿中单击"文件"按钮，如下图所示。

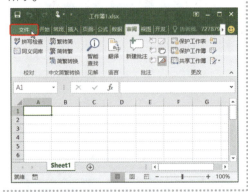

第2步：执行选项命令

在"文件"界面中单击"选项"选项卡。

第3步：执行保存工作簿命令

打开"Excel 选项"对话框，❶单击"保存"选项卡；❷在"保存工作簿"组合框中将"保存自动恢复信息时间间隔"复选框右侧的微调框中的数值改为"15"；❸单击"确定"按钮，即可完成时间间隔的修改，如右图所示。

Skill 03 对工作簿进行加密

在日常办公中，为了保护公司机密，用户可以对相关的工作簿设置密码保护。使用密码保护工作簿的具体操作如下。

第1步：执行保护工作簿命令

打开要加密的工作簿，❶单击"审阅"选项卡；❷在"更改"组中单击"保护工作簿"按钮，如右图所示。

第 2 步：设置密码

弹出"保护结构和窗口"对话框，❶选中"结构"复选框；❷在"密码"文本框中输入密码"123"；❸单击"确定"按钮，如右图所示。

第 3 步：确定密码

弹出"确认密码"对话框，❶在"重新输入密码"文本框中输入密码"123"；❷单击"确定"按钮，如下图所示。

第 4 步：查看加密的工作簿

此时，就为工作簿的结构设置了保护，用户不能对其中的工作表进行移动、删除或添加等操作，如下图所示。

第 5 步：再次执行保护工作簿命令

如果要取消工作簿的保护，❶单击"审阅"选项卡；❷在"更改"组中再次单击"保护工作簿"按钮，如下图所示。

第 6 步：输入撤销密码

弹出"撤消工作簿保护"对话框，❶在"密码"文本框中输入设置的密码"123"；❷单击"确定"按钮即可，如下图所示。

知识加油站

保护工作簿是对工作簿的结构和窗口大小进行保护。如果一个工作簿被设置了"保护"，就不能对该工作簿内的工作表进行插入、删除、移动、隐藏、取消隐藏和重命名等操作，也不能对窗口进行移动和调整大小。

本章小结

本章主要讲述了新版 Excel 2016 软件的基本知识，包括启动与退出 Excel 2016、Excel 2016 的工作界面、Excel 2016 的新增功能，以及优化 Excel 2016 的工作环境等内容。本章的重点是让读者了解和掌握 Excel 2016 的基本操作，熟练使用 Excel 2016 的新增或改进功能。

第 2 章

Excel 2016 数据表格的创建与编辑

创建与编辑电子表格是 Excel 2016 的一项基本功能，本章主要介绍数据表格的创建与编辑的基本方法和图形、图像在表格创建与编辑中的应用，包括数据的录入技巧，美化表格的基本方法，流程图的设计与制作，图片、艺术字和剪贴画的基本应用等知识点。

- 创建员工档案工作簿
- 录入员工档案信息
- 插入并设置形状和箭头
- 插入并设置 SmartArt 图形
- 美化表格
- 插入并设置文本框
- 图片、艺术字和剪贴画的应用

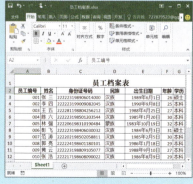
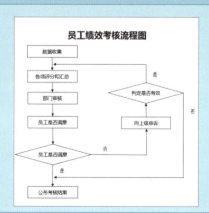

实战应用 跟着案例学操作

2.1 创建员工档案表

员工档案表是记录员工基本信息的表格。本节以创建员工档案表为例,讲解工作簿和工作表的创建方法、表格数据的编辑技能以及单元格的格式设置等内容。

员工档案表的最终效果如下图所示。

员工编号	姓名	身份证号码	民族	出生日期	年龄	学历
001	张 三	222223198906014000	汉族	1989年6月1日	26	硕士
002	李 四	222223199009082045	汉族	1990年9月8日	25	本科
003	王 五	222281198804256212	汉族	1988年4月25日	27	本科
004	陈 六	222223198501203544	汉族	1985年1月20日	30	本科
005	林 强	222206198310190484	蒙族	1983年10月19日	32	本科
006	彭 飞	222223198406030032	汉族	1984年6月3日	31	硕士
007	范 涛	222202198502058811	汉族	1985年2月5日	30	本科
008	郭 亮	222224198601180101	汉族	1986年1月18日	29	本科
009	黄 云	222223198809105077	汉族	1988年9月10日	27	本科
010	张 浩	222217198608090022	汉族	1986年8月9日	29	本科

配套文件

原始文件：素材文件\第2章\员工档案信息.txt
结果文件：结果文件\第2章\员工档案表.xlsx
视频文件：教学文件\第2章\创建员工档案表.mp4

扫码看微课

2.1.1 创建员工档案工作簿

在Excel中,用于保存数据信息的文件称为工作簿。使用Excel 2016创建员工档案工作簿的具体操作如下。

第 2 章
Excel 2016 数据表格的创建与编辑

第 1 步：执行新建命令
在桌面空白处单击鼠标右键，在弹出的快捷菜单中选择"新建"→"Microsoft Excel Worksheet"选项。

第 2 步：生成工作簿
此时，即可在桌面上创建一个名为"新建 Microsoft Excel Worksheet.xlsx"的工作簿。

第 3 步：执行重命名命令
用鼠标右键单击桌面上新建的工作簿图标，在弹出的快捷菜单中选择"重命名"选项，如下图所示。

第 4 步：重命名工作簿
此时，工作簿名称进入可编辑状态，将工作簿名称修改为"员工档案表"，如下图所示。

> **知识加油站**
> 除直接重命名工作簿以外，还可以在另存工作簿时修改工作簿的名称和保存类型。

2.1.2 录入员工档案信息

工作簿文件创建后，可以通过"导入外部数据"功能，快速将 TXT 格式的员工信

19

息导入 Excel 文件，还可以在电子表格中录入各种类型的数据，如文本、时间、日期、编号、身份证号码、出生日期、年龄等。

1. 导入 TXT 文本

电子表格中的参数可以是网页文件中的数据，也可以是 TXT 文件中的数据。文本数据编辑好后，可以使用 Excel 自带的"获取外部数据"功能，从 TXT 文件中导入数据，具体操作如下。

第1步：打开 TXT 文件

打开本实例的素材文件"员工档案信息.txt"，在 TXT 文件中记录了员工的基本信息，如下图所示。

第2步：执行获取外部数据命令

打开创建的工作簿，❶单击"数据"选项卡；❷在"获取外部数据"组中单击"自文本"按钮。

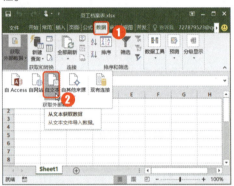

第3步：选择 TXT 文件

弹出"导入文本文件"对话框，❶选择要导入的文本文件"员工档案信息"；❷单击"导入"按钮即可。

第4步：判定数据具体分隔符

进入"文本导入向导-第1步，共3步"对话框，❶选择"分隔符号"单选框；❷单击"下一步"按钮。

第 2 章
Excel 2016 数据表格的创建与编辑

第 5 步：选择分隔符号

进入"文本导入向导-第 2 步，共 3 步"对话框，❶选择"Tab 键"复选框；❷单击"下一步"按钮。

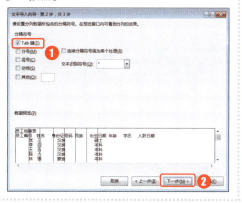

第 6 步：选择列数据格式

进入"文本导入向导-第 3 步，共 3 步"对话框，❶选择"常规"单选框；❷单击"完成"按钮。

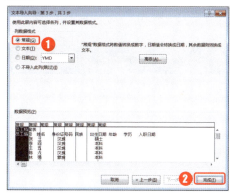

第 7 步：选择数据放置位置

弹出"导入数据"对话框，❶单击"现有工作表"单选框，默认显示"=$A$1"；❷单击"确定"按钮。

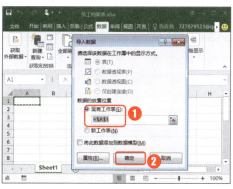

第 8 步：查看导入的数据

此时，即可将文本文件中的员工信息导入 Excel 工作簿中，如下图所示。

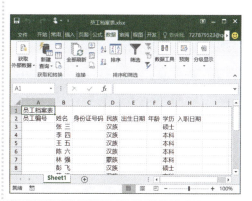

知识加油站

除直接在电子表格中输入数据或调用 TXT 数据外，还可以从相关网站中直接获取表格数据，执行"获取外部数据→自网站"命令，进入"新建 Web 查询"窗口，输入网页地址，打开表格所在的网页，单击表格左上角的绿色箭头，单击"导入"按钮，即可将网页中的表格数据导入 Excel 文件。

2. 录入数字编号

通常情况下，员工编号是以数字连续编号组成，如 001，002，003，……录入数字编号的具体操作如下。

第1步：输入数字

在单元格 A3 中输入 "001"，如下图所示。

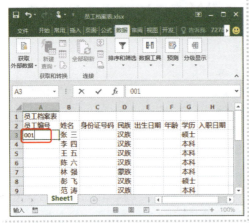

第2步：查看输入效果

按下 "Enter" 键，默认显示为 "1"，如下图所示。

第3步：执行对话框启动器按钮

选中单元格 A3，❶单击 "开始" 选项卡；❷在 "数字" 组中单击 "对话框启动器" 按钮。

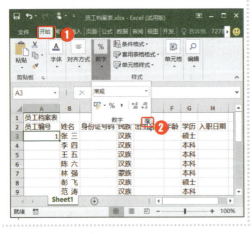

第4步：查看修订的显示效果

弹出 "设置单元格格式" 对话框，❶在 "分类" 列表中选择 "自定义" 选项；❷在 "类型" 文本框中输入 "000"；❸单击 "确定" 按钮。

第5步：查看设置效果

返回工作簿，此时单元格 A3 中的数字格式就变成了 "001"。

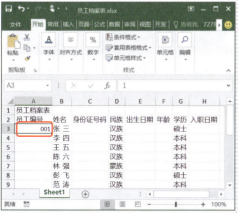

第6步：设置其他数字格式

使用同样的方法，在单元格 A4 中输入 "002"，并设置同样的数字格式。

第7步：选中连续编号

选中单元格区域 A3:A4，将鼠标指针移动到单元格 A4 的右下角，此时鼠标指针变成十字形状，如下图所示。

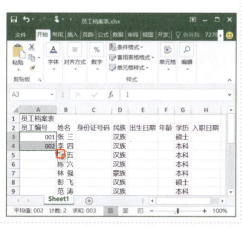

第8步：填充编号

按住鼠标左键不放，向下拖动到单元格 A12，释放鼠标，即可完成数字编号的填充，如下图所示。

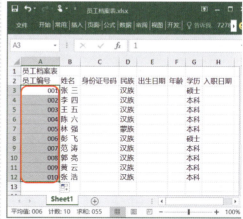

3. 录入身份证号码

在 Excel 中输入身份证号码时，由于数位较多，经常出现科学计数形式。要想显示完整的身份证号码，可以先输入英文状态下的单引号 "'"，然后再输入身份证号码，具体操作如下。

第 1 步：输入单引号

在输入身份证号码之前，先将输入法切换到"英文状态"，然后在单元格 C3 中输入一个单引号"'"，如下图所示。

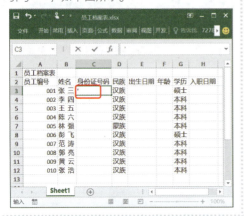

第 2 步：输入身份证号

在单引号后输入身份证号码，如下图所示。

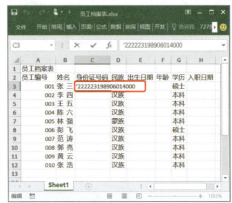

第 3 步：查看输入效果

按下"Enter"键，此时身份证号码就完整地显示出来了，如下图所示。

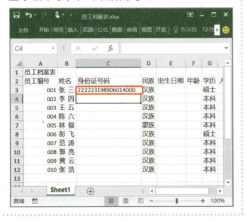

第 4 步：录入其他员工的身份证号

使用同样的方法，录入其他员工的身份证号码即可，如下图所示。

4．应用公式录入数据

在 Excel 中录入数据时，有些数据可以直接根据其他数据计算得到，此时即可应用公式和函数录入数据，具体操作如下。

第1步：计算出生日期

在单元格 E3 中输入公式"=IF(C3<>"",TEXT((LEN(C3)=15)*19&MID(C3,7,6+(LEN(C3)=18)*2),"#-00-00")+0,)"，按下"Enter"键，即可显示日期代码，如下图所示。

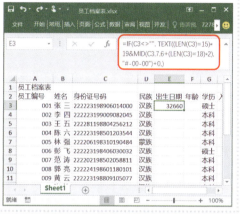

第2步：填充公式

将鼠标指针移动到单元格 E3 的右下角，此时鼠标指针变成十字形状，双击鼠标左键，此时即可将公式填充到本列的其他单元格中，如下图所示。

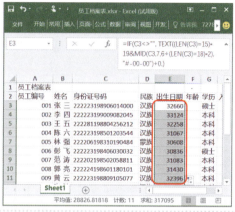

第3步：设置数字显示格式

选中日期所在的单元格区域 E3:E12，❶单击"开始"选项卡；❷在"数字"组中选择"日期"选项。

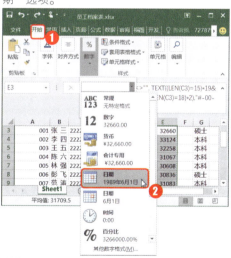

第4步：查看日期显示结果

此时，即可将日期代码转化为日期格式，如下图所示。

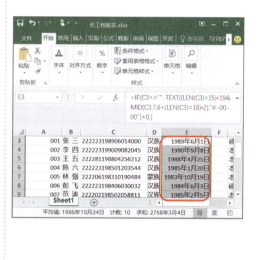

第5步：计算年龄

在单元格 F3 中输入公式"=YEAR(NOW())-MID(C3,7,4)"，按下"Enter"键确认即可，如下图所示。

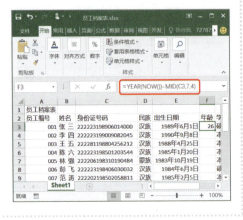

第6步：填充公式

将鼠标指针移动到单元格 F3 的右下角，此时鼠标指针变成十字形状，双击鼠标左键，此时即可将公式填充到本列的其他单元格中，如下图所示。

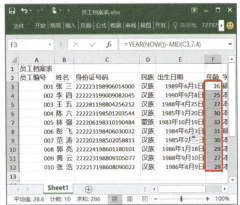

2.1.3 美化表格

表格数据录入完成后，接下来就可以对表格进行美化，主要包括合并单元格、设置文字格式、调整行高和列宽、添加边框等。

1. 合并单元格

通常情况下，用于打印的表格文件都有表格标题，此时可以使用合并单元格功能，将标题行的单元格进行合并，具体操作如下。

第1步：执行合并后居中命令

选中单元格区域 A1:H1，❶单击"开始"选项卡；❷在"对齐方式"组中单击"合并后居中"按钮。

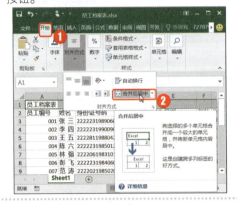

第2步：查看合并效果

此时，选中的单元格区域就合并成了一个单元格，单元格中的数据居中显示，如下图所示。

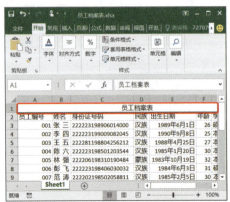

知识加油站

Excel 中的电子表格与 Word 中的表格不同，Word 中的单元格既可以进行合并，也可以进行拆分。Excel 中的单元格是工作表中的最小单位，不可以进行拆分。合并后的单元格可以取消合并，再次执行"合并后居中"命令即可。

2．设置文字格式

美化表格时，可以采用增大字号、加粗、设置对齐方式等方法突出显示标题和字段名称，具体操作如下。

第 1 步：设置标题格式	第 2 步：设置字段名称格式
选中单元格 A1，❶在"字体"下拉列表中选择"华文中宋"；在"字号"下拉列表中选择"16"；❷单击"加粗"选项。	选中单元格区域 A2:H2，❶在"字体"组中单击"加粗"按钮；❷在"对齐方式"组中单击"居中"按钮。
	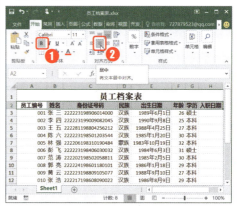

知识加油站

除在"字体"组中设置字体格式以外，还可以选中要设置字体格式的单元格或单元格区域，单击鼠标右键，在弹出的快捷菜单中选择"设置单元格格式"菜单项，弹出"设置单元格格式"对话框，此时即可在其中设置字体格式、数字格式和对齐方式等。

3．调整行高和列宽

用户可以根据需要调整行高和列宽，具体操作如下。

第1步：调整行高

将光标定位在行标的上边线或下边线位置，上下拖动鼠标左键。

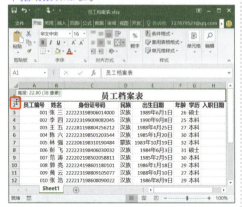

第2步：查看行高的调整效果

调整完毕，即可看到行高的变化，如下图所示。

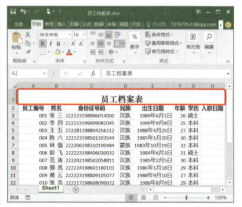

第3步：调整列宽

将光标定位在列标的左边线或右边线位置，左右拖动鼠标左键。

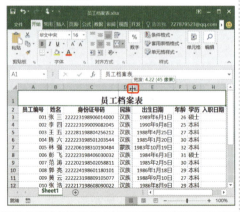

第4步：查看列宽的调整效果

调整完毕，即可看到列宽的变化，如下图所示。

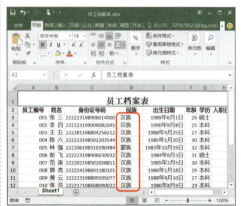

知识加油站

除拖动单元格边线来调整行高和列宽以外，还可以单击"开始"选项卡中的"格式"按钮，通过数值来精确调整行高和列宽。此外，在行标和列标之间双击鼠标左键，即可一键完成上方行或左侧列的自动调整。

4．添加边框

为工作表中的数据区域添加边框，可以使表格更加清晰明了，具体操作如下。

第 1 步：执行所有边框命令

选中单元格区域 A2:H12，❶ 在"字体"组中单击"边框"按钮；❷ 在弹出的下拉列表中选择"所有框线"选项。

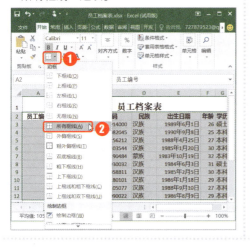

第 2 步：查看边框添加效果

此时，选中的单元格区域就添加上了框线，如下图所示。

2.2 设计员工绩效考核流程图

员工绩效考核是人力资源部门的一项重要工作。能否制定科学合理的考核流程，直接关系着员工的合理转正、奖金发放等问题，本节主要使用 Excel 2016 的形状、文本框和 SmartArt 图形功能，设计员工绩效考核流程图。

员工绩效考核流程图制作效果如下图所示。

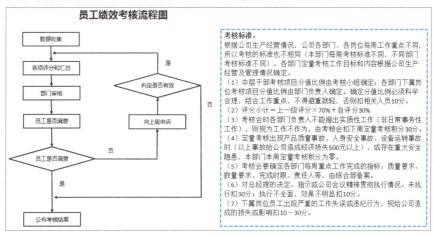

> **配套文件**
> 原始文件：素材文件\第 2 章\员工绩效考核流程图.xlsx
> 结果文件：结果文件\第 2 章\员工绩效考核流程图.xlsx
> 视频文件：教学文件\第 2 章\设计员工绩效考核流程图.mp4

扫码看微课

2.2.1 插入并设置形状和箭头

流程图通常由多个形状图形和箭头组合而成。流程图中常用的形状主要包括矩形、菱形、圆角矩形、椭圆、直线和箭头等。

1. 绘制流程图中的形状

制作流程图时，首先要绘制流程图中的形状，并对它们进行合理布局。绘制形状的具体操作如下。

第 1 步：执行插入矩形命令

❶单击"插入"选项卡；❷单击"插图"组中的"形状"按钮，❸在弹出的下拉列表中选择"矩形"选项。

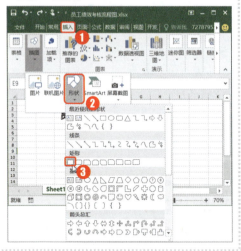

第 2 步：绘制矩形

此时即可进入形状绘制状态，拖动鼠标左键，即可绘制一个矩形，然后调整其大小和位置，如下图所示。

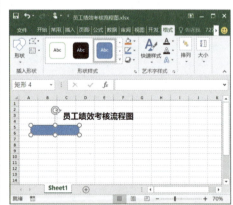

第3步：绘制其他形状

使用同样的方法，绘制其他矩形和菱形，并进行合理布局，如下图所示。

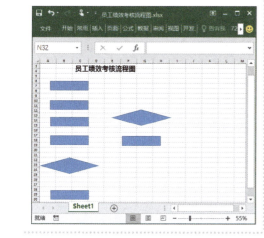

第4步：输入文字

在绘制的矩形和菱形中输入文字，如下图所示。

2. 绘制连接符

一般情况下，流程图中的各种形状都是通过箭头或直线进行连接的，此时，箭头或直线就是图形之间的连接符。绘制连接符的具体操作如下。

第1步：执行插入箭头命令

❶单击"插入"选项卡；❷单击"插图"组中的"形状"按钮；❸在弹出的下拉列表中选择"箭头"选项。

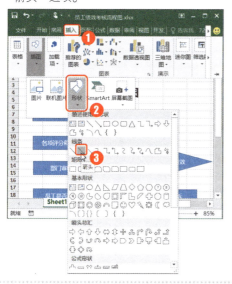

第2步：绘制箭头

将光标移动到"数据收集"下方边线的居中位置，按下"Shift"键的同时，向下拖动鼠标，即可绘制一个箭头，将其连接到下一个图形。

第3步：绘制其他箭头或直线

使用同样的方法，绘制其他箭头和直线，将所有的形状连接起来，如右图所示。

知识加油站

绘制图形的基本框架时，首先应该在纸张上绘制草图，这样在 Excel 中绘制图形时，就会更有条理，制作起来得心应手。

3. 绘制"判断"文本框

流程图中的判断词经常使用"是"、"否"、"可行"、"不可行"等，通常是先插入文本框或矩形，然后再进行文字录入。绘制"判断"文本框的具体操作如下。

第1步：插入矩形

在菱形的下方位置插入一个矩形，输入文字"是"，如下图所示。

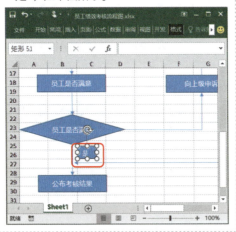

第2步：绘制其他"判断"文本框

使用同样的方法，绘制"是"或"否"文本框，如下图所示。

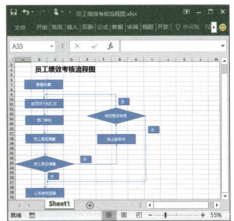

4. 美化流程图

流程图的基本框架绘制完成后，接下来就可以美化流程图了，主要包括应用形状样式、撤销网格线、设置形状轮廓和组合图形等内容。美化流程图的具体操作如下。

第1步：执行选择对象命令

❶单击"开始"选项卡；❷单击"编辑"组中的"查找和选择"按钮；❸在弹出的下拉列表选择"选择对象"选项。

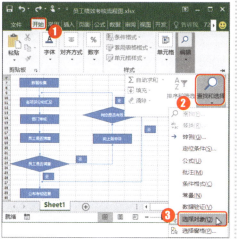

第2步：拖动选择所有的形状

拖动鼠标左键，选择所有的形状和连接符，如下图所示。

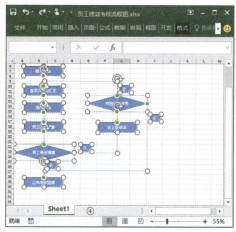

第3步：应用形状样式

❶单击"格式"选项卡；❷在"形状样式"组中选择"彩色轮廓-黑色，深色1"选项，此时，选中的所有图形就会应用"彩色轮廓-黑色，深色1"样式，如下图所示。

第4步：撤销网格线

❶单击"视图"选项卡；❷取消选中"显示"组中的"网格线"复选框，如下图所示。

第 5 步：设置形状轮廓

选择所有"是"或"否"文本框，❶单击"格式"选项卡，❷单击"形状样式"组中的"形状轮廓"按钮；❸在弹出的下拉列表选择"无轮廓"选项。

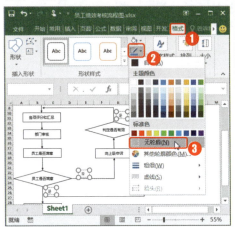

第 6 步：组合形状

使用"选择对象"的方法，选择所有的图形，单击鼠标右键，在弹出的级联菜单中选择"组合→组合"命令。

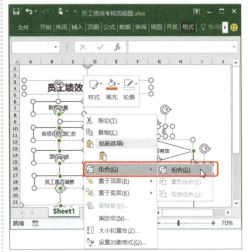

第 7 步：查看设置效果

此时，即可将选中的所有对象组合成一个统一的整体，如右图所示。

> **知识加油站**
>
> 如果要取消组合，先选中图形，然后单击鼠标右键，在弹出的级联菜单中选择"组合→取消组合"命令即可。

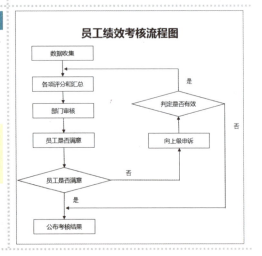

2.2.2 插入并设置文本框

文本框是矩形的一种，它可以突出显示文本内容，非常适合展示重要文字，例如，标题或引述内容等。接下来使用文本框制作流程图标题。在 Excel 中插入一个文本框，并输入内容，然后进行美化，具体操作如下。

第 1 步：执行插入文本框命令

❶单击"插入"选项卡；❷单击"文本"组中的"文本框"按钮；❸在弹出的下拉列表中选择"横排文本框"选项。

第 2 步：绘制横排文本框

拖动鼠标，即可在工作表中绘制横排文本框，如下图所示。

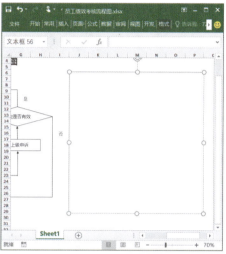

第 3 步：输入文字

在绘制的横排文本框中输入文字，如下图所示。

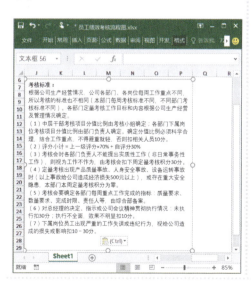

第 4 步：设置形状轮廓的颜色

选中文本框，❶单击"格式"选项卡；❷单击"形状样式"组中的"形状轮廓"按钮；❸在弹出的下拉列表中选择"浅蓝"选项。

第 5 步：设置形状轮廓的粗细

选中文本框，❶单击"格式"选项卡；❷单击"形状样式"组中的"形状轮廓"按钮；❸在弹出的下拉列表中选择"粗细→3 磅"选项。

第 6 步：设置形状轮廓的线型

选中文本框，❶单击"格式"选项卡；❷单击"形状样式"组中的"形状轮廓"按钮；❸在弹出的下拉列表中选择"虚线→方点"选项。

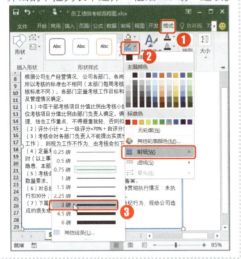
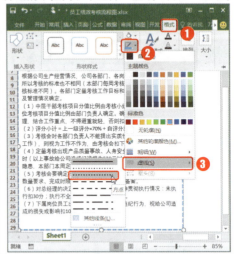

第 7 步：查看文本框的设置效果

操作到这里，文本框就设置完成了，如右图所示。

> **知识加油站**
>
> Excel 2016 为用户提供了多种文本框类型，如横排文本框和竖排文本框，用户可以根据需要选择使用。此外，Excel 2016 还提供了很多新的功能，例如，可以插入文本框或翻转。使用翻转功能，可以轻松旋转文字。

2.2.3 插入并设置 SmartArt 图形

Excel 2016 为用户提供了多种 SmartArt 图形模板，使用这些模板可以快速、有效地制作各种图形。插入并设置 SmartArt 图形后，可以通过设置图形的颜色、布局、快速样式等方法美化 SmartArt 图形。具体操作如下。

第 2 章
Excel 2016 数据表格的创建与编辑

第 1 步：执行插入 SmartArt 命令

❶单击"插入"选项卡；❷在"插图"组中单击"SmartArt"按钮。

第 2 步：选择 SmartArt 图形

弹出"选择 SmartArt 图形"对话框；❶在左侧列表中单击"循环"选项卡；❷在右侧面板中选择"块循环"选项；❸单击"确定"按钮。

第 3 步：查看插入效果

此时，即可在文档中插入一个块循环的 SmartArt 图形，如下图所示。

第 4 步：输入文本

在各文本框中输入文本内容，如下图所示。

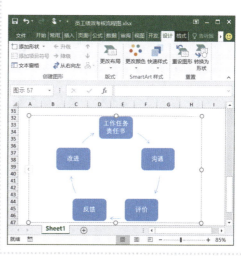

第 5 步：执行更改颜色命令

❶选中整个图形，在"SmartArt 工具"栏中单击"设计"选项卡；❷在"SmartArt 样式"组中单击"更改颜色"按钮；❸在弹出的下拉列表中选择"彩色-个性色"选项。

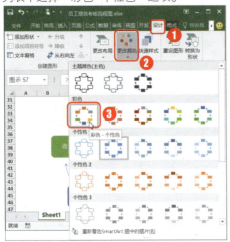

第 6 步：查看更改颜色效果

此时，即可看到应用所选样式后的颜色效果。

第 7 步：执行快速样式命令

❶选中整个图形，在"SmartArt 工具"栏中单击"设计"选项卡；❷在"SmartArt 样式"组中单击"快速样式"按钮；❸在弹出的下拉列表中选择"中等效果"选项。

第 8 步：查看快速样式效果

此时，即可看到应用所选样式后的整体外观效果，然后插入一个文本框，输入图名即可，SmartArt 的最终效果如下图所示。

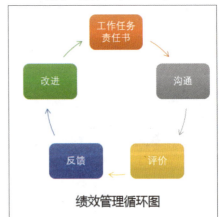

2.3 制作年会日程

年会是每年年末企业或组织为总结一年的工作情况、展望美好未来而策划实施的一次总结性会议。因此，制作专业、精美的年会日程就是一项非常重要的工作。本节主要介绍如何使用 Excel 2016 的图片、艺术字和剪贴画功能来美化年会日程。

年会日程的最终效果如下图所示。

配套文件

原始文件：素材文件\第 2 章\年会日程.xlsx、LOGO.JPG
结果文件：结果文件\第 2 章\年会日程.xlsx
视频文件：教学文件\第 2 章\制作年会日程.mp4

扫码看微课

2.3.1 插入并设置图片

使用 Excel 2016 编辑表格时，经常会在工作表中插入图片，并设置图片格式用于点缀表格，设置图片格式主要包括插入图片、调整图片大小、移动图片位置等，插入并设置图片的具体操作如下。

第1步：执行插入图片命令

打开素材文件，❶单击"插入"选项卡；❷单击"插图"组中的"图片"按钮，如下图所示。

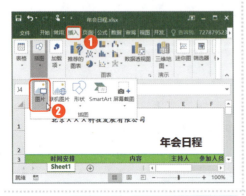

第2步：选择素材图片

弹出"插入图片"对话框，❶打开指定位置的素材文件，选择"LOGO.JPG"；❷单击"插入"按钮。

第3步：调整图片大小

此时，即可插入图片"LOGO.JPG"，选中图片，将光标定位在图片的右下角，按住鼠标左键不放，拖动鼠标即可调整图片大小。

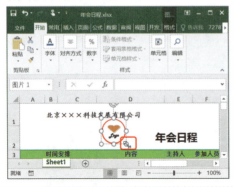

第4步：移动图片位置

选中图片，将光标移动到图片上方，按住鼠标左键不放，拖动鼠标即可移动图片的位置，如下图所示。

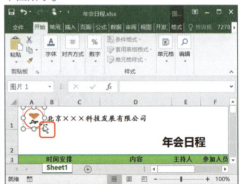

2.3.2 插入并设置艺术字

艺术字在 Excel 中的应用极为广泛，它是一种具有特殊效果的文字，在制作表格时，常用艺术字来突出标题，使要突出的文字更加美观、醒目。插入并设置艺术字的具体操作如下。

第1步：执行插入艺术字命令

❶单击"插入"选项卡；❷单击"文本"组中的"艺术字"按钮；❸在弹出的下拉列表中选择"填充-白色，轮廓-着色2，清晰阴影-着色2"选项，如下图所示。

第2步：查看插入效果

此时，即可在文档中插入一个艺术字文本框，如下图所示。

第3步：输入数字

在艺术字文本框中输入数字"2015"，如下图所示。

第4步：设置字体和字号

❶单击"开始"选项卡；❷在"字体"组中的"字体"下拉列表中选择"华文新魏"；❸在"字号"下拉列表中选择"44"，如下图所示。

第5步：查看设置效果

设置完毕，选中艺术字，将其移动到合适位置即可，艺术字的最终效果如右图所示。

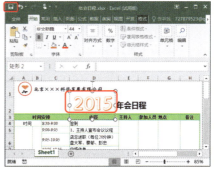

知识加油站

选中艺术字，在"绘图工具"栏中单击"格式"选项卡，可在"艺术字样式"组中设置艺术字的艺术字样式、文本填充、文本轮廓、文本效果。

2.3.3 插入并设置剪贴画

剪贴画是一种表现力很强的图片,使用它可以在表格中插入各种有特色的图片,例如人物图片、花草图片、动物图片等。在表格中插入剪贴画的具体操作如下。

第1步:执行插入联机图片命令

在工作簿窗口中,❶单击"插入"选项卡;❷单击"插图"组中的"联机图片"按钮,如下图所示。

第2步:搜索关键词

弹出"插入图片"对话框,❶在"必应图像搜索"文本框中输入关键词"羊";❷单击"搜索"按钮,如下图所示。

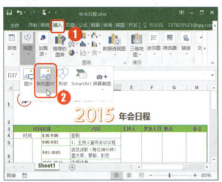

第3步:选中图片

此时,即可搜索出关于关键词"羊"的图片,❶选择自己喜欢的图片;❷单击"插入"按钮,如下图所示。

第4步:查看设置效果

此时,即可将选中的图片插入工作表,然后拖动鼠标左键,调整图片大小和位置即可,年会日程的最终效果如下图所示。

高手秘籍　实用操作技巧

通过对前面知识的学习,相信读者已经掌握了 Excel 2016 数据表格的创建与编辑操作。下面结合本章内容,给大家介绍一些实用技巧。

第 2 章
Excel 2016 数据表格的创建与编辑

配套文件

原始文件：素材文件\第 2 章\实用技巧\
结果文件：结果文件\第 2 章\实用技巧\
视频文件：教学文件\第 2 章\高手秘籍.mp4

扫码看微课

Skill 01　设置斜线表头

斜线表头是指在单元格中绘制斜线，以便在斜线单元格中添加项目名称。既可以直接插入直线，也可以通过设置单元格格式来制作斜线表头，接下来通过设置单元格格式制作斜线表头，具体操作如下。

第 1 步：设置对齐方式

选中单元格 A1，❶单击"开始"选项卡；❷在"对齐方式"组中单击"垂直居中"和"左对齐"按钮。

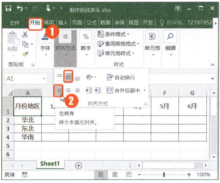

第 2 步：设置自动换行

在"对齐方式"组中单击"自动换行"按钮。

第 3 步：调整为两行

将光标定位在两个项目名称之间，使用空格键将项目名称调整为两行，如下图所示。

第 4 步：微调首行

将光标定位在第一个项目名称前，使用空格键将第一个项目名称调整为右对齐，如下图所示。

第5步：执行对话框启动器命令

选中单元格区域 A1:G1，❶单击"开始"选项卡；❷在"对齐方式"组中单击"对话框启动器"按钮。

第6步：设置斜线

弹出"设置单元格格式"对话框，❶单击"边框"选项卡；❷单击"斜线"按钮；❸单击"确定"按钮，如下图所示。

第7步：查看斜线表头

操作到这里，斜线表头就制作完成了，如右图所示。

Skill 02　一键改变 SmartArt 图形的左右布局

SmartArt 图形制作完成后，可以通过单击"从右到左"或"从左到右"按钮，一键改变 SmartArt 图形的左右布局，具体操作如下。

第1步：执行布局命令

打开要改变布局的工作簿，选中 SmartArt 图形，❶在"SmartArt 工具"栏中，单击"设计"选项卡；❷单击"创建图形"组中的"从右向左"按钮，如下图所示。

第2步：改变布局

此时，选中的 SmartArt 图形的整体布局就进行了左右调整，如下图所示。

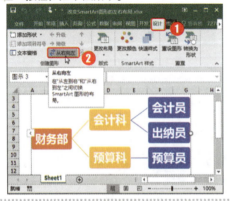

Skill 03 自定义喜欢的艺术字

在电子表格中插入艺术字后，可以通过设置艺术字的文本填充、文本轮廓和文字效果来自定义自己喜欢的艺术字。具体操作如下。

第1步：打开素材文件

打开素材文件，此时在表格中执行插入艺术字，如下图所示。

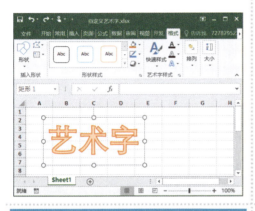

第2步：设置文本填充

❶选中艺术字，在"绘图工具"栏中单击"格式"选项卡；❷在"艺术字样式"组中单击"文本填充"按钮；❸在弹出的下拉列表中选择"黄色"选项。

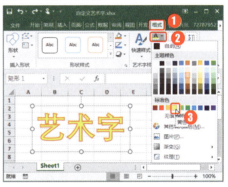

第3步：设置文本轮廓

❶选中艺术字，在"绘图工具"栏中单击"格式"选项卡；❷在"艺术字样式"组中单击"文本轮廓"按钮；❸在弹出的下拉列表中选择"红色"选项。

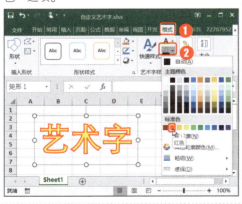

第4步：执行文字效果命令

❶选中艺术字，在"绘图工具"栏中单击"格式"选项卡；❷在"艺术字样式"组中单击"文字效果"按钮。

第5步：设置发光效果

在弹出的下拉列表中选择"发光→橙色，8pt 发光，个性色2"选项。

第6步：查看设置效果

设置完成，艺术字的最终效果如下图所示。

知识加油站

艺术字是被当作一种图形对象而不是文本对象来处理的。用户可以通过"绘图工具"栏中的"格式"选项卡，来设置艺术字的填充颜色、阴影、影像、发光、棱台、三维效果和转换等。

本章小结

本章主要讲述了 Excel 2016 数据表格的创建与编辑，以及图形、图像在表格编辑与制作中的应用，包括数据的录入技巧，美化表格的基本方法，流程图的设计与制作，图片、艺术字和剪贴画的基本应用等知识点。通过对本章的学习，读者应学会了表格创建和编辑技巧，熟悉了图形制作的方法。

第 3 章

Excel 2016 表格的格式设置与美化

本章导读

一份专业、完整的电子表格需要一个漂亮的外观，既能让表格更加专业，还能突出显示重点数据，使数据表格更加简洁明了。本章主要介绍 Excel 2016 表格的格式设置与美化技巧，让你的电子表格漂亮起来。

知识要点

- 创建培训需求调查表
- 美化培训需求调查表
- 创建企业内部借款单
- 打印企业内部借款单
- 创建应聘者信息表
- 创建 Excel 和 Word 的邮件合并

案例展示

实战应用 跟着案例学操作

3.1 制作培训需求调查表

为了使年度培训工作更有针对性和实用性，人力资源管理部门通常会制作培训需求调查表，面向公司全体员工开展年度培训需求调查，调查结果将作为制订公司下年度培训计划的重要依据。

培训需求调查表的最终效果如下图所示。

2016年培训需求调查表

配套文件

原始文件：素材文件\第 3 章\培训需求调查表.xlsx
结果文件：结果文件\第 3 章\培训需求调查表.xlsx
视频文件：教学文件\第 3 章\制作培训需求调查表.mp4

扫码看微课

3.1.1 创建培训需求调查表

创建培训需求调查表时，首先要在 Excel 工作表中输入培训需求调查表的主要内容，然后插入特殊符号，如插入空心方块作为复选框、插入直线作为下画线等，具体操作如下。

第 1 步：输入主要内容

打开本实例的素材文件，在工作表中输入培训需求调查表的主要内容，如下图所示。

第 2 步：定位光标

将光标定位在要输入特殊符号的位置，如将光标定位在单元格 F6 中文字"很有帮助"前，如下图所示。

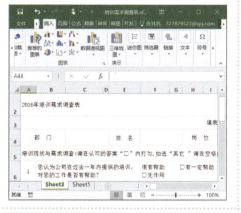

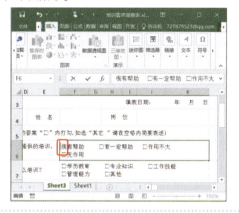

第 3 步：执行插入符号命令

❶单击"插入"选项卡；❷单击"符号"组中的"符号"按钮。

第 4 步：选择并插入符号

弹出"符号"对话框，❶单击"符号"选项卡；❷在"字体"下拉列表中选择"宋体"，在"子集"下拉列表中选择"几何图形符"；❸选择其中的空心方块；❹单击"插入"按钮。

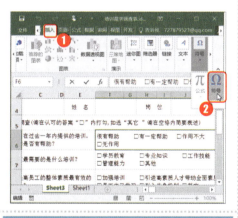

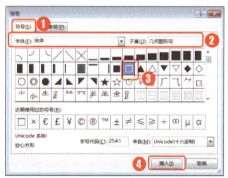

第 5 步：单击关闭按钮

单击"关闭"按钮，即可关闭对话框。

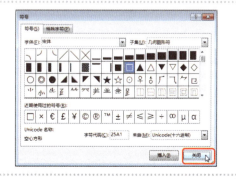

第6步：查看插入的空心方块

此时，即可在光标位置插入一个空心方块，使用同样的方法，在其他需要插入空心方块的位置执行插入符号命令即可。

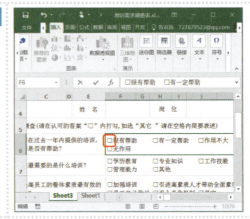

第7步：执行插入直线命令

❶单击"插入"选项卡；❷单击"插图"组中的"形状"按钮；❸在弹出的下拉列表中选择"直线"选项，如下图所示。

第8步：绘制直线

此时，即可进入绘制状态，按住"Shift"键不动，拖动鼠标左键，即可绘制一条水平直线，如下图所示。

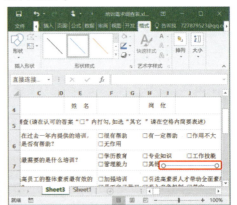

第9步：应用形状样式

选中直线，❶在"绘图工具栏"中单击"格式"选项卡；❷在"形状样式"组中选择样式"细线-深色1"，此时选中的直线就会应用"细线-深色1"样式效果，如右图所示。

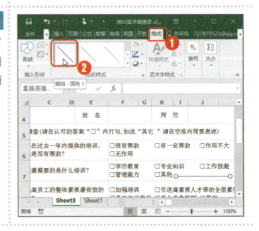

第 10 步：插入其他直线

使用同样的方法，在其他需要的位置插入直线，作为下画线使用即可，如右图所示。

3.1.2 美化培训需求调查表

培训需求调查表创建完成后，接下来可以对表格文字、表格边框进行美化，让表格更加专业和美观，具体操作如下。

第 1 步：设置标题字体格式

选中表格标题所在的单元格 A2，❶单击"开始"选项卡；❷在"字号"下拉列表中选择"18"；❸单击"加粗"按钮，如下图所示。

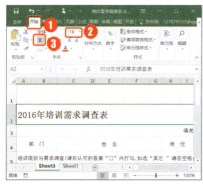

第 2 步：设置标题对齐方式

在"对齐方式"组中单击"居中"按钮，此时，即可将表格标题居中显示，如下图所示。

第 3 步：设置填表日期的字体格式

选中单元格 A3，❶单击"开始"选项卡；❷在"字号"下拉列表中选择"12"；❸单击"加粗"按钮，如右图所示。

第4步：执行设置单元格格式命令

选中单元格区域 A4:K15，单击鼠标右键，在弹出的快捷菜单中选择"设置单元格格式"命令。

第5步：设置外框线

弹出"设置单元格格式"对话框，❶单击"边框"选项卡；❷在"样式"列表中选择"双实线"；❸单击"外边框"按钮，如下图所示。

第6步：设置内框线

❶在"样式"列表中选择"细实线"；❷单击"内部"按钮；❸单击"确定"按钮，如下图所示。

第7步：执行打印命令

返回工作表，执行"文件→打印"命令，如下图所示。

第8步：查看打印效果

此时，即可进入打印预览界面，培训需求调查表的最终效果如下图所示。

3.2 制作企业内部借款单

借款单是企业内部的自制凭证，主要是员工出差、零星采购和借款时使用。创建内部借款单时，首先需要输入相关的借款项目，然后使用合并单元格、设置字体格式、调整行高和列宽等方法美化表格。

企业内部借款单制作效果如下图所示。

配套文件

原始文件：素材文件\第 3 章\借款单.xlsx
结果文件：结果文件\第 3 章\借款单.xlsx
视频文件：教学文件\第 3 章\制作企业内部借款单.mp4

扫码看微课

3.2.1 创建企业内部借款单

在日常经营活动中，企业内部借款单是一种的重要的财务表单。接下使用 Excel 创建企业内部借款单，具体操作如下。

第 1 步：打开素材文件

打开本实例的素材文件，在工作表中输入企业内部借款单的主要内容，如右图所示。

第 2 步：合并单元格

选中单元格区域 A1:F1，❶单击"开始"选项卡；❷单击"对齐方式"组中的"合并后居中"按钮。

第 3 步：查看合并效果

此时，选中的单元格区域 A1:F1 就合并成了一个单元格，且文字居中显示，如下图所示。

第 4 步：合并其他单元格区域

使用上述方法，合并单元格区域 A2:F2、B3:C3、E3:F3、B4:F4、C5:E5、B6:D6、A7:B9、C7:D9 和 E8:F9，如下图所示。

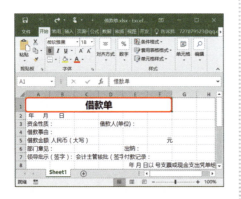

第 5 步：设置顶端居中

选中单元格 A7，❶单击"开始"选项卡；❷单击"对齐方式"组中的"顶端对齐"按钮。

第 6 步：设置其他单元格的顶端居中

使用同样的方法，将单元格 C7 和 E8 中的文字顶部居中，如下图所示。

第 7 步：调整列宽

将光标定位在列标 A 和 B 之间的边线上，按住鼠标左键不动，然后拖动鼠标，如下图所示。

第 8 步：查看调整效果

拖动鼠标到合适位置后，释放鼠标键，此时即可完成 A 列的列宽调整，如下图所示。

第 9 步：调整其他列的列宽

使用同样的方法，调整其他列的列宽，如下图所示。

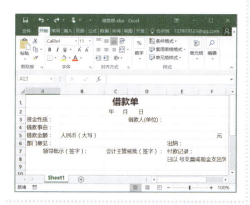

第 10 步：设置自动换行

选中单元格 E8，❶单击"开始"选项卡；❷单击"对齐方式"组中的"自动换行"按钮，如下图所示。

第 11 步：查看自动换行结果

此时，单元格 E8 中的文字就会根据列宽自动换行，如右图所示。

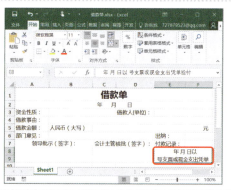

第 12 步：设置左对齐

选中单元格 A7，❶单击"开始"选项卡；❷单击"对齐方式"组中的"左对齐"按钮，如右图所示。

第 13 步：设置边框

选中单元格区域 A3:F9，❶单击"开始"选项卡；❷单击"字体"组中的"边框"按钮；❸在弹出的下拉列表中选择"所有框线"选项，如下图所示。

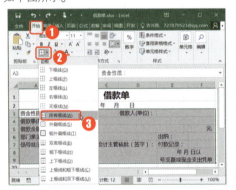

第 14 步：查看边框设置效果

此时，即可为选中的单元格区域 A3:F9 添加上边框，如下图所示。

第 15 步：输入人民币符号

双击单元格 F5，进入编辑状态，按下空格键，将光标定位在单元格的右侧，然后按"Shift + 4"组合键，即可输入人民币符号"￥"。

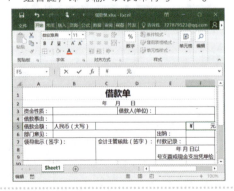

第 16 步：设置下画线

选中人民币符号"￥"和"元"之间的空白，❶单击"开始"选项卡；❷单击"字体"组中的"下画线"按钮。

第17步：查看下画线

此时，即可为选中的空白区域设置上下画线，设置完成后，企业内部借款单的最终效果如右图所示。

> **知识加油站**
>
> 设置表格的边框时，不仅可以在"文字"组中单击"边框"按钮，也可以选中相应的单元格区域，单击鼠标右键，打开"设置单元格格式"对话框进行设置。

3.2.2 打印企业内部借款单

企业内部借款单创建完成后，可以根据表单大小合理、美观地打印在 A4 纸上。接下来通过填充数据的方法，拖动鼠标左键，将借款单合理布局在 A4 纸上，具体操作如下。

第1步：选中区域

选中单元格区域 A1:F10，将光标移动到所选区域的右下角，此时鼠标指针变成十字形状，如下图所示。

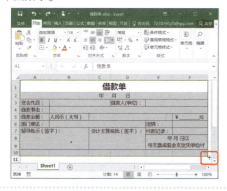

第2步：填充数据

按住鼠标左键，向下拖动鼠标，拖动到单元格 F40，此时即可复制出完整的 4 个借款单，如下图所示。

第3步：单击文件按钮

在工作表窗口中单击"文件"按钮，如右图所示。

57

第 4 步：选择打印选项卡

进入文件界面，选择"打印"选项卡，如右图所示。

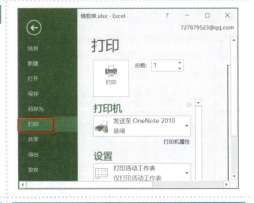

第 5 步：显示边距

在右侧的打印预览界面可以看到借款单的打印预览效果，单击右下角的"显示边距"选项。

第 6 步：调整边距

此时即可显示上、下、左、右的边距，拖动鼠标左键，即可调整页边距，如下图所示。

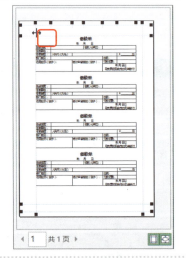

疑难解答

Q：可以直接在打印预览界面拖动鼠标来调整页边距，但不是很精确，如何精确地调整表格页边距呢？

A：如果要精确调整页边距，首先选中表格区域，单击"页面布局"选项卡，在"页面设置"组中单击"页边距"按钮，在弹出的下拉列表中选择"页边距"按钮，即可精确调整表格的页边距。

3.3 制作面试通知单

Excel 提供了邮件合并功能，通过该功能可以实现 Excel 和 Word 办公组件的联合办公，如用来打印奖状、制作面试通知单、发电子邮件、打印信封等。这些文档的基本内容一致，但每份又有不同之处，比如姓名、地点、时间、照片等。接下来以制作面试通知单为例，详细介绍邮件合并功能的应用。

面试通知单制作效果如下图所示。

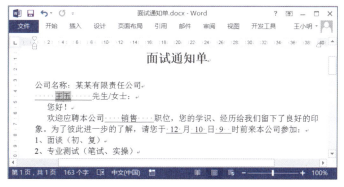

配套文件

原始文件：素材文件\第 3 章\应聘者信息表.xlsx、面试通知单.docx
结果文件：结果文件\第 3 章\应聘者信息表.xlsx、面试通知单.docx
视频文件：教学文件\第 3 章\制作面试通知单.mp4

扫码看微课

3.3.1 创建应聘者信息表

应聘者信息表是人事部门用来记录应聘者基本信息的表单，通常包括序号、应聘岗位、姓名、性别、年龄、是否通过初步筛选、最终学历、面试地点、联系电话等内容。创建应聘者信息表的基本操作如下。

第 1 步：打开素材文件

打开本实例的素材文件"应聘者信息表.xlsx"，如右图所示。

59

第2步：输入基本内容

在打开的空白工作簿中输入应聘者信息表的基本内容，如右图所示。

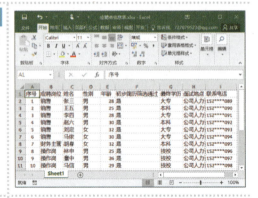

第3步：自动换行

选中单元格F1，❶单击"开始"选项卡；❷单击"对齐方式"组中的"自动换行"按钮。

第4步：查看自动换行结果

此时，选中的单元格F1就会根据单元格的列宽自动换行，如下图所示。

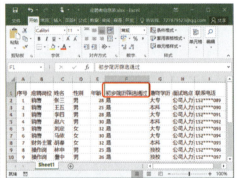

第5步：调整列宽

将光标定位在列标F的右侧边线上，按住鼠标左键，左右拖动鼠标即可调整列宽。

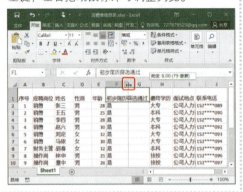

第6步：查看调整效果

列宽调整完成后的效果如下图所示。

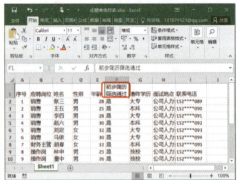

第 7 步：继续调整列宽

将光标定位在列标 H 和 I 之间的边线上，按住鼠标左键不动，鼠标指针变成双向箭头，如下图所示。

第 8 步：查看调整效果

将光标拖动到合适位置后释放鼠标键，此时即可完成 H 列的列宽调整，把单元格中的内容全部显示出来，如下图所示。

第 9 步：设置加粗效果

选中单元格区域 A1:I1，❶单击"开始"选项卡；❷单击"字体"组中的"加粗"按钮，此时即可为选中的单元格区域 A1:I1 实现加粗效果，如下图所示。

第 10 步：设置对齐方式

选中单元格区域 A1:I1，❶单击"开始"选项卡；❷单击"对齐方式"组中的"居中"和"垂直居中"按钮，此时即可使文字水平和垂直居中，如下图所示。

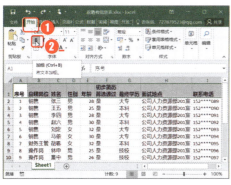

第 11 步：添加框线

选中的单元格区域 A1:I11，❶单击"开始"选项卡；❷单击"字体"组中的"边框"按钮；❸在弹出的下拉列表中选择"所有框线"选项，如右图所示。

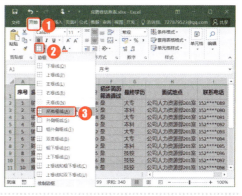

第 12 步：查看框线效果

此时，即可为选中的单元格区域 A1:I11 添加上边框，如右图所示。

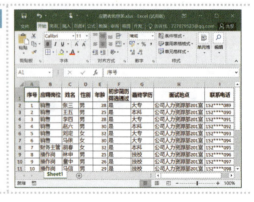

> **知识加油站**
>
> 用于邮件合并的数据源是一个 Excel 文件，该文件包含合并文档各个副本中的数据。数据源通常为一维数据表格，其中的每一列对应一类信息，在邮件合并中称为合并域，如应聘者信息表中的"姓名"；其中的每一行对应合并文档某副本中需要修改的信息，如应聘者信息表中某应聘人员的"序号"、"应聘岗位"、"姓名"、"性别"、"年龄"等信息。完成合并后，该信息被映射到主文档对应的域名处。

3.3.2 创建 Excel 和 Word 的邮件合并

使用邮件合并功能，可以在 Word 文档中调用 Excel 表格中的源数据，实现 Word 文档的批量处理。接下来创建 Excel 和 Word 的邮件合并，制作面试通知单，具体操作如下。

第 1 步：打开素材文件

打开本实例的素材文件"面试通知单.docx"，同时，要打开上一节创建完成的"应聘者信息表.xlsx"，面试通知单的效果如下图所示。

第 2 步：执行选择收件人命令

在 Word 文档"面试通知单"中，❶单击"邮件"选项卡；❷单击"开始合并邮件"组中的"选择收件人"按钮；❸在弹出的下拉列表中选择"使用现有列表"选项，如下图所示。

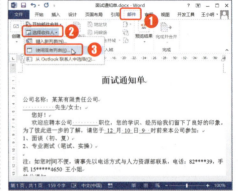

第3步：选取数据源

弹出"选取数据源"对话框，❶选择正在打开的工作簿"应聘者信息表.xlsx"；❷单击"打开"按钮。

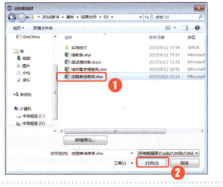

第4步：选择表格

弹出"选择表格"对话框，直接单击"确定"按钮。

第5步：插入合并域"姓名"

将光标定位在"姓名"所在的下画线上，❶单击"邮件"选项卡；❷单击"编写和插入域"组中的"插入合并域"按钮；❸在弹出的下拉列表中选择"姓名"选项，如下图所示。

第6步：查看插入效果

此时，即可在光标定位的位置插入合并域"姓名"，如下图所示。

第7步：插入合并域"应聘岗位"

将光标定位在"应聘岗位"所在的下画线上，❶单击"邮件"选项卡；❷单击"编写和插入域"组中的"插入合并域"按钮；❸在弹出的下拉列表中选择"应聘岗位"选项，如右图所示。

第8步：查看插入效果

此时，即可在光标定位的位置插入合并域"应聘岗位"，如下图所示。

第9步：执行预览结果命令

❶单击"邮件"选项卡；❷单击"预览结果"组中的"预览结果"按钮，如下图所示。

第10步：查看预览结果

此时，即可根据源数据表"应聘者信息表.xlsx"中的第一行数据将"姓名"和"应聘岗位"显示在Word文档中，如下图所示。

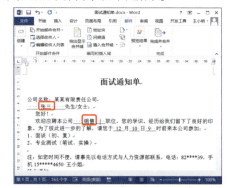

第11步：预览下一条记录

❶单击"邮件"选项卡；❷单击"预览结果"组中的"下一条记录"按钮，如下图所示。

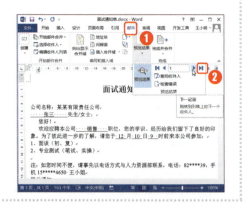

第12步：查看预览结果

此时，即可根据源数据表"应聘者信息表.xlsx"中的第二行数据将"姓名"和"应聘岗位"显示在Word文档中，如下图所示。

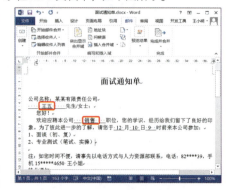

第 3 章
Excel 2016 表格的格式设置与美化

第 13 步：完成并合并邮件

❶单击"邮件"选项卡；❷单击"完成"组中的"完成并合并"按钮；❸在弹出的下拉列表中选择"打印文档"选项，如下图所示。

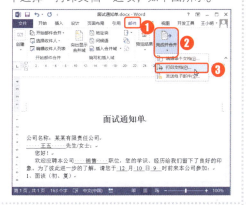

第 14 步：合并到打印机

弹出"合并到打印机"对话框，❶在"打印记录"组合框中选中"全部"单选框；❷单击"确定"按钮。

第 15 步：设置打印选项

弹出"打印"对话框，❶在"页码范围"组合框中选中"全部"单选框；❶在"副本"组合框中的"份数"文本框中设置成数字"1"；❸单击"确定"按钮，此时即可根据设置批量打印面试通知单。

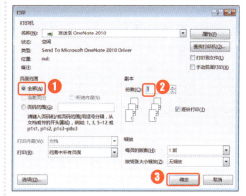

高手秘籍　实用操作技巧

通过对前面知识的学习，相信读者已经掌握了 Excel 2016 表格的格式设置与美化操作。下面结合本章内容，给大家介绍一些实用技巧。

 配套文件

原始文件：素材文件\第 3 章\实用技巧\
结果文件：结果文件\第 3 章\实用技巧\
视频文件：教学文件\第 3 章\高手秘籍.mp4

扫码看微课

Skill 01 快速套用单元格样式

Excel为用户提供了多种表格样式，根据预设的表格样式，可以快速将制作的表格格式化，生成美观的表格，这就是表格的自动套用。快速套用表格样式，既可以节省许多时间，又可制作出精美的表格，具体操作如下。

第1步：执行套用表格格式命令

打开本实例的素材文件，将光标定位在工作表中的数据区域，❶单击"开始"选项卡；❷在"样式"组中单击"套用表格格式"按钮，如下图所示。

第2步：选择表格样式

弹出内置表格样式列表，在"中等深浅"组中选择"表样式中等深浅 3"选项，如下图所示。

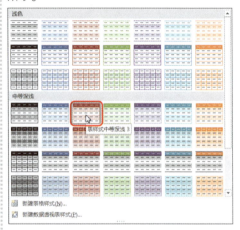

第3步：设置表数据来源

弹出"套用表格式"对话框，❶在"表数据的来源"文本框中显示了选择的单元格区域；❷选中"表包含标题"复选框；❸单击"确定"按钮，如下图所示。

第4步：查看应用效果

返回工作表，即可查看应用的表格样式"表样式中等深浅 3"，如下图所示。

Skill 02 轻松设置"0"开头的数字编号

在 Excel 表格中输入以"0"开头的数字时,系统会自动将"0"过滤掉,例如,输入"0001"会自动显示成"1"。那么如何输入以"0"开头的数字呢?通过设置单元格格式,自定义数字类型,即可解决这个问题,具体操作如下。

第 1 步:打开对话框启动器

打开素材文件,❶选中要输入编号的单元格 A1;❷单击"开始"选项卡;❸在"数字"组中单击"对话框启动器"按钮,如下图所示。

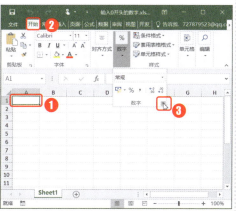

第 2 步:自定义数字格式

弹出"设置单元格格式"对话框,❶单击"数字"选项卡;❷在"分类"列表框中选择"自定义"选项;❸在"类型"文本框中输入"0000";❹单击"确定"按钮,如下图所示。

第 3 步:输入编号

在单元格 A1 中输入"0001",如下图所示。

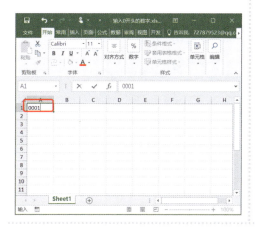

第 4 步:查看设置效果

按下回车键,此时即可看到单元格 A1 显示数字"0001",如下图所示。

Skill 03 设置货币的"万元"单位

在使用Excel记录金额的时候，如果金额较大，使用万元等单位来显示金额就会更直观明了，通过设置单元格格式，自定义数字类型，可以轻松实现以"万元"为单位显示金额。接下来将金额设置为以"万元"为单位显示，并保留两位小数，具体操作如下。

第1步：启动对话框启动器

打开素材文件，选中单元格区域A3:E7，❶单击"开始"选项卡；❷在"数字"组中单击"对话框启动器"按钮，如下图所示。

第2步：自定义金额格式

弹出"设置单元格格式"对话框，❶单击"数字"选项卡；❷在"分类"列表框中选择"自定义"选项；❸在"类型"文本框中输入"0.00,万元"或"0!.00,万元"；❹单击"确定"按钮，如下图所示。

第3步：查看设置效果

返回工作表，此时选中区域的金额就变成以"万元"为单位显示，如右图所示。

> **知识加油站**
>
> 设置表格的边框时，不仅可以在"文字"组中单击"边框"按钮，也可以选中相应的单元格区域，单击鼠标右键，打开"设置单元格格式"对话框进行设置。

本章小结

本章主要结合实例讲述 Excel 2016 表格的格式设置与美化技巧，包括数据的录入技巧、美化表格的基本方法等。通过对本章的学习，读者应学会表格格式设置方法，熟练使用数据的输入技巧，以及表格格式设置技巧，从而轻松制作美观、专业的电子表格。

第 4 章

Excel 2016 公式与函数的使用

本章导读

Excel 不仅能够用来编辑和制作各种电子表格，还可以在表格中使用公式和函数进行数据计算。本章以制作销售统计表、人事信息数据表，以及统计和分析员工培训成绩为例，介绍使用 Excel 公式和函数计算数据的方法和技巧。

知识要点

- 输入和编辑公式
- 复制公式
- 创建人事信息数据表
- 利用数据验证功能快速输入数据
- 在身份证号码中提取生日、性别
- 应用 DATEDIF 函数计算员工年龄
- 统计和分析员工培训成绩

案例展示

第 4 章
Excel 2016 公式与函数的使用

实战应用 跟着案例学操作

4.1 制作年度销售统计表

年度销售统计表是统计和计算全年销售数据，并整合产品销售信息的一种重要表单。本节主要按照季度和产品名称来汇总销售数据，介绍公式和函数在数据计算中的运用。

年度销售统计表的最终效果如下图所示。

配套文件

原始文件：素材文件\第 4 章\年度销售统计表.xlsx
结果文件：结果文件\第 4 章\年度销售统计表.xlsx
视频文件：教学文件\第 4 章\制作年度销售统计表.mp4

扫码看微课

4.1.1 Excel 中公式的使用规则

在 Excel 表格中，公式是用于数值计算和数据分析的等式。常用公式通常是以"="开始的，简单的公式运算包括加、减、乘、除等运算方式，复杂的公式则包含函数、引用、运算符和常量等元素。

1. 公式的输入规则

Excel 中的公式输入必须遵循以下规则。
（1）输入公式之前，必须先选中运算结果所在的单元格。
（2）所有公式通常以等号"="开始，等号"="后跟要计算的元素。

（3）参加计算单元格的地址表示方法为"列标+行号"，例如 A1、D4 等。

（4）参加计算单元格区域的地址表示方法为"左上角的单元格地址:右下角的单元格地址"，例如 A1:F10、B1:G15、C5:G10 等。

2. 公式中常用的运算符

运算符是公式的基本元素，也是必不可少的元素，每一个运算符代表一种运算。在 Excel 中有 4 种运算符，分别是算术运算符、比较运算符、文本运算符和引用运算符。

（1）算术运算符

算术运算符用于完成基本的数学运算，主要种类和含义如表 1 所示。

表 1 算术运算符的种类及其含义

运算符类型	运算符	含 义	示 例
算术运算符	+	加法运算	A1+B1
	−	减法运算	A1−B1 或 −C1
	*	乘法运算	A1*B1
	/	除法运算	A1/B1
	%	百分比运算	15%
	^	乘方运算	10^3（相当于 10*10*10）

（2）比较运算符

比较运算符用于比较两个值。当用运算符比较两个值时，结果是一个逻辑值，为 TRUE 或 FALSE，其中 TRUE 表示"真"，FALSE 表示"假"。比较运算符的主要种类和含义如表 2 所示。

表 2 比较运算符的种类及其含义

运算符类型	运算符	含 义	示 例
比较运算符	=	等于运算	A1=B1
	>	大于运算	A1>B1
	<	小于运算	A1<B1
	>=	大于或等于运算	A1>=B1
	<=	小于或等于运算	A1<=B1
	<>	不等于运算	A1<>B1

（3）文本运算符

使用和号（&）连接一个或多个字符串以产生新的文本。文本运算符的主要种类和含义如表 3 所示。

表 3 文本运算符的种类及其含义

运算符类型	运算符	含 义	示 例
文本运算符	&	用于连接多个单元格中的文本字符串，产生一个文本字符串	A1&B1

(4)引用运算符

引用运算符用于标明工作表中的单元格或单元格区域,主要种类和含义如表 4 所示。

表4　引用运算符的种类及其含义

运算符类型	运算符	含　　义	示　　例
引用运算符	:(冒号)	区域运算符,对两个引用之间,包括两个引用在内的所有单元格进行引用	B5:B15
	,(逗号)	联合操作符,将多个引用合并为一个引用	SUM(B5:B15,D5:D15)
	(空格)	交叉运算,即对两个引用区域中共有的单元格进行运算	A1:B8 B1:D8

3. 公式中运算符的优先顺序

公式中众多的运算符在进行运算时有着不同的优先顺序,正如我们最初接触数学运算时就知道"*"、"/"运算符优于"+"、"-"运算符一样,只有这样它们才能默契合作,实现各类复杂的运算。公式中运算符的优先顺序如表 5 所示。

表5　运算符的优先顺序

优先顺序	运算符	说　　明
1	:(冒号)　,(逗号)　(空格)	引用运算符
2	—	作为负号使用(如:—8)
3	%	百分比运算
4	^	乘幂运算
5	* 和 /	乘和除运算
6	+和—	加和减运算
7	&	连接两个文本字符串
8	=、<、>、<=、>=、<>	比较运算符

4.1.2　输入和编辑公式

公式是 Excel 工作表中进行数值计算和分析的等式。公式输入是以"="开始的。简单的公式有加、减、乘、除等,复杂的公式可能包含函数、引用、运算符和常量等。接下来通过输入和编辑公式来计算年度销售数据,具体操作如下。

1. 直接输入公式

公式通常以"="号开始,如果直接输入公式而不加起始符号,Excel 会自动将输入的内容作为数据。直接输入公式的具体操作如下。

第1步：输入等号

打开本实例的素材文件，选中单元格 F2，首先输入"="号，如下图所示。

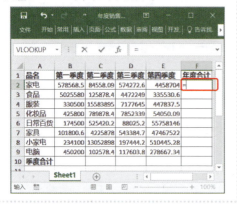

第2步：输入公式元素

依次输入公式元素"B2+C2+D2+E2"，如下图所示。

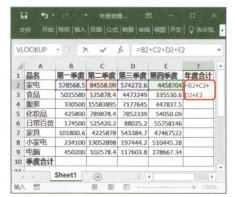

第3步：查看计算结果

输入公式后，按下"Enter"键即可得到计算结果，如右图所示。

> **知识加油站**
>
> 在单元格中输入的公式会自动显示在公式编辑栏中，因此也可以在选中要返回值的目标单元格之后，在公式编辑栏中单击鼠标进入编辑状态，然后直接输入公式。

2. 使用鼠标输入公式元素

如果公式中引用了单元格，除采用手工方法直接输入公式之外，还可以使用鼠标选择单元格或单元格区域配合公式的输入，具体操作如下。

第1步：输入公式元素

选中单元格 B10，输入公式起始符号"="，再输入"sum（）"，如右图所示。

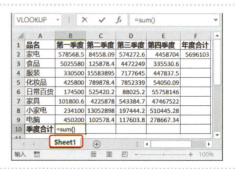

第 2 步：选择引用区域

将光标定位在公式中的括号内，拖动鼠标选中单元格区域 B2:B9，如右图所示。

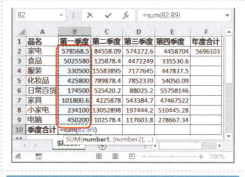

第 3 步：查看完整公式

释放鼠标键，即可在单元格 B10 中看到完整的求和公式 "sum（B2:B9）"，如下图所示。

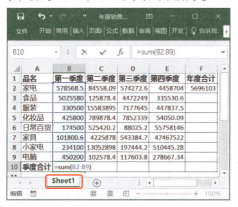

第 4 步：查看计算结果

此时已完成公式的输入，按下 "Enter" 键即可得到计算结果，如下图所示。

3．使用其他符号开头

公式的输入一般以等号 "=" 为起始符号，除此之外，还可以使用 "+" 和 "−" 两种符号开头，系统会自动在 "+" 和 "−" 两种符号的前方加入等号 "="。使用其他符号开头输入公式的具体操作如下。

第 1 步：使用加号输入公式

选中单元格 F3，首先输入 "+" 符号，再输入公式的后面部分，输入完成后按 "Enter" 键，程序会自动在公式前面加上 "=" 符号，如右图所示。

第2步：使用减号输入公式

选中单元格G1，首先输入"-"符号，再输入公式的后面部分，输入完成后按"Enter"键，程序会自动在公式前面加上"="符号，并将第一个数据源当作负值来计算，如右图所示。

4. 编辑或更改公式

输入公式后，如果需要对公式进行更改，可以利用下面的方法重新对公式进行编辑。

方法1：双击法。在需要重新编辑公式的单元格中双击鼠标，此时即可进入编辑状态，直接重新编辑公式或对公式进行局部修改。

方法2：按"F2"功能键。选中需要重新编辑公式的单元格，按"F2"键，即可对公式进行编辑。

第1步：双击单元格

双击单元格F3，单元格中的公式进入编辑状态，如下图所示。

第2步：更改公式

在公式中删除"="符号右侧的第一个"+"符号，然后按下"Enter"键，即可完成公式的编辑和修改，如下图所示。

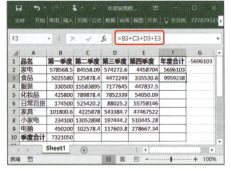

5. 删除公式

在编辑和输入数据时，如果某个公式是多余的，可以将其删除，删除公式的具体操作如下。

第1步：选中单元格

选中单元格 G1，如下图所示。

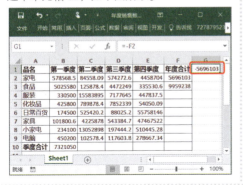

第2步：按下删除键

直接按下"Delete"键即可删除单元格中的公式，如下图所示。

4.1.3 复制公式

用户既可以对公式进行单个复制，也可以进行快速填充。

1. 复制和粘贴公式

复制和粘贴公式的具体操作如下。

第1步：复制公式

选中要复制公式的单元格 F3，然后按下"Ctrl+C"组合键，此时单元格的四周出现绿色虚线边框，说明单元格处于复制状态，如下图所示。

第2步：粘贴公式

选中要粘贴公式的单元格 F4，然后按下"Ctrl+V"组合键，此时即可将单元格 F3 中的公式复制到单元格 F4 中，并自动根据行列的变化调整公式，得出计算结果，如下图所示。

疑难解答

Q：复制或自动填充公式时，公式是如何发生变化的？

A：在复制或自动填充公式时，如果公式中有对单元格的引用，则自动填充的公式会根据单元格的引用情况产生列数和行数变化。

2. 填充公式

填充公式的具体操作如下。

第 1 步：定位鼠标光标

选中要填充公式的单元格 F4，然后将光标移动到单元格的右下角，此时鼠标指针变成十字形状，如下图所示。

第 2 步：向下填充公式

双击鼠标左键，即可将公式填充至单元格 F9，如下图所示。

第 3 步：定位鼠标光标

选中要填充公式的单元格 B10，然后将光标移动到单元格的右下角，此时鼠标指针变成十字形状，如下图所示。

第 4 步：向右拖动鼠标

按住鼠标左键不放，向右拖动到单元格 F10，释放鼠标左键，此时公式就填充到选中的单元格区域，如下图所示。

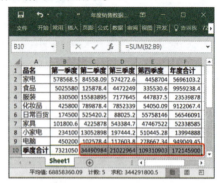

知识加油站

除了直接拖动鼠标来完成公式填充外，选中已经填写好公式的单元格，然后将光标移动到单元格的右下角，此时鼠标指针变成十字形状，双击鼠标左键，即可完成该列的自动填充。

4.2 制作人事信息数据表

人事信息数据表是人力资源部门的一种重要表单。使用人事信息数据表能自动统计每位员工的年龄、性别、工龄等基本资料，大大提高工作效率。

人事信息数据表的最终效果如下图所示。

配套文件

原始文件：素材文件\第 4 章\人事信息数据表.xlsx
结果文件：结果文件\第 4 章\人事信息数据表.xlsx
视频文件：教学文件\第 4 章\制作人事信息数据表.mp4

扫码看微课

4.2.1 创建人事信息数据表

人事信息数据表通常包括序号、工号、姓名、部门、学历、身份证号、生日、性别、年龄、职称、现任职务、联系电话和居住地址等信息。

创建人事信息数据表的基本框架如下图所示。

直接输入公司员工的基本数据，如序号、工号、姓名、学历、身份证号、职称、现任职务、联系电话和居住地址等信息，如下图所示。

4.2.2 利用数据验证功能快速输入数据

使用 Excel 2016 的数据验证功能可以将一列中经常用到的数据项目设置成数据列表，实现数据的快速录入，还能防止数据的录入错误。接下来将"部门"设置成数据列表，具体操作如下。

第 1 步：执行数据验证命令

选择单元格区域 D3:D12，❶单击"数据"选项卡；❷在"数据工具"组中展开"数据验证"按钮；❸在弹出的下拉列表中选择"数据验证"选项，如右图所示。

第 2 步：设置数据验证类型

弹出"数据验证"对话框，❶单击"设置"选项卡；❷在"允许"下拉列表中选择"序列"选项；❸单击"来源"文本框右侧的"折叠"按钮，如右图所示。

第 3 步：选择数据来源

将"数据验证"对话框折叠后，❶单击"序列"工作表；❷拖动鼠标，选择单元格区域 A1:A5；❸单击"展开"按钮，如下图所示。

第 4 步：单击"确定"按钮

展开"数据验证"对话框，直接单击"确定"按钮，如下图所示。

第 5 步：查看设置效果

此时，选中的单元格区域 D3:D12 中每个单元格的右侧都会出现一个下拉列表，单击下拉列表即可选择员工所在的部门，如右图所示。

第6步：选择所在部门

根据实际情况，在下拉列表中为每一位员工选择相应的所在部门，使用同样的方法，设置学历和职称即可，如右图所示。

第7步：在部门列中输入错误信息

在"部门"列的单元格区域D3:D12中的任意单元格中输入错误信息,如在单元格D3中输入文字"办公室",如下图所示。

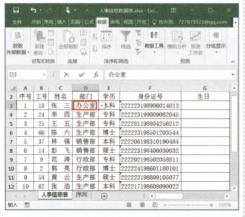

第8步：查看应用效果

按下"Enter"键，弹出"Microsoft Excel"对话框，提示用户"此值与此单元格定义的数据验证限制不匹配",如下图所示。

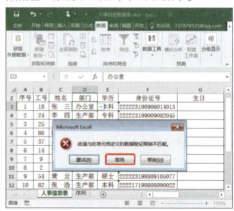

4.2.3 从身份证号码中提取生日、性别等有效信息

录入身份证号码后，可以使用 TEXT、MID、LEN、MOD、RIGHT、LEFT 等文本函数和 IF、OR 等逻辑函数直接从身份证号码中提取生日、性别等数据，具体操作如下。

第1步：使用公式提取生日

选中单元格 G3，输入公式"=--TEXT(MID(F3,7,6+(LEN(F3)=18)*2),"#-00-00")"，输入公式后，按下"Enter"键，即可根据身份证号码提取生日，如下图所示。

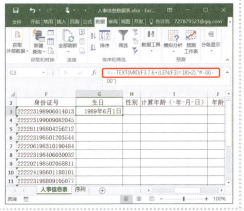

第2步：填充数据

选中单元格 G3，将光标定位在单元格的右下角，鼠标指针变成十字形状时，双击鼠标左键，即可将公式填充至单元格 G12，如下图所示。

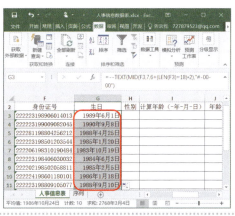

第3步：使用公式提取性别

选中单元格 H3，输入公式"=IF(MOD(RIGHT(LEFT(F3,17)),2),"男","女")"，输入公式后，按下"Enter"键，即可根据身份证号码提取性别，如下图所示。

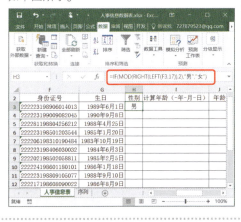

第4步：填充数据

选中单元格 H3，将光标定位在单元格的右下角，鼠标指针变成十字形状时，双击鼠标左键，即可将公式填充至单元格 H12，如下图所示。

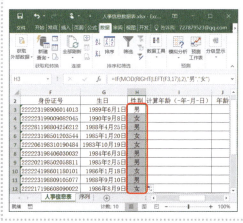

4.2.4 应用 DATEDIF 函数计算员工年龄

DATEDIF 函数的功能是返回两个日期之间的年\月\日间隔数。使用 DATEDIF 可以快速计算员工年龄，既可以精确到日，也可以只精确到年，具体操作如下。

第1步：提取年龄，精确到天

选中单元格 I3，输入公式 "=DATEDIF(G3,TODAY(),"y")&"年"&DATEDIF(G3, TODAY(),"ym")&"个月"&DATEDIF(G3, TODAY(),"md")&"天""，输入公式后，按下"Enter"键即可根据生日和当前日期计算出年龄，并精确到天，如下图所示。

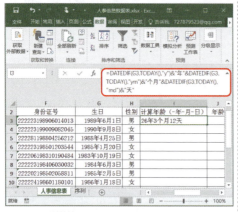

第2步：填充数据

选中单元格 I3，将光标定位在单元格的右下角，鼠标指针变成十字形状时，双击鼠标左键，即可将公式填充至单元格 I12，如下图所示。

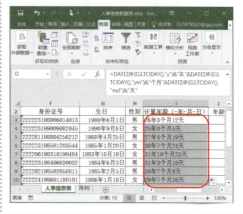

第3步：提取年龄，精确到年

选中单元格 J3，输入公式 "=DATEDIF(G3,TODAY(),"y")&"年""，输入公式后，按下"Enter"键，即可根据生日和当前日期计算出年龄，并精确到年，如下图所示。

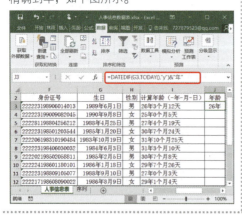

第4步：填充数据

选中单元格 J3，将光标定位在单元格的右下角，鼠标指针变成十字形状时，双击鼠标左键，即可将公式填充至单元格 J12，如下图所示。

4.3 统计和分析员工培训成绩

使用Excel的函数与公式，按特定的顺序或结构进行数据统计与分析，可以大大提高办公效率。接下来在员工培训成绩表中，使用统计函数统计和分析员工培训成绩。

员工培训成绩表的最终效果如下图所示。

工号	部门	姓名	考核科目					平均成绩	总成绩	名次
			企业文化	管理制度	电脑知识	业务能力	团体贡献			
001	生产部	张三	85	77	68	78	92	80.00	400	8
002	生产部	李四	99	84	87	76	78	84.80	424	3
025	生产部	王五	91	93	72	83	92	86.20	431	2
066	生产部	陈六	72	88	91	91	80	84.40	422	4
037	销售部	林强	82	89	72	85	91	83.80	419	5
014	销售部	彭飞	83	79	88	82	72	80.80	404	7
009	行政部	范涛	77	81	87	85	88	83.60	418	6
002	行政部	郭亮	88	92	85	88	87	88.00	440	1
054	生产部	黄云	69	76	75	69	85	74.80	374	10
062	生产部	张浩	86	72	79	86	75	79.60	398	9
单科成绩优异（>=90）人数			2	2	1	1	3			

配套文件

原始文件：素材文件\第4章\员工考核成绩统计表.xlsx
结果文件：结果文件\第4章\员工考核成绩统计表.xlsx
视频文件：教学文件\第4章\统计和分析员工培训成绩.mp4

扫码看微课

4.3.1 AVERAGE 求平均成绩

AVERAGE 函数是 Excel 表格中计算平均值的函数。语法格式为：AVERAGE(number1, Number2…)，其中 number1，number2，……是要计算平均值的 1~30 个参数。接下来使用插入 AVERAGE 函数的方法，在员工培训成绩表中统计每个员工的平均成绩，具体操作如下。

第 1 步：计算平均成绩

选中单元格 I3，输入公式 "=AVERAGE (D3:H3)"，按下 "Enter" 键，即可计算出员工 "张三" 的平均成绩，如下图所示。

第 2 步：填充数据

选中单元格 I3，将光标定位在单元格的右下角，鼠标指针变成十字形状时，拖动鼠标向下填充，将公式填充至单元格 I12，如下图所示。

4.3.2 SUM 快速求和

SUM 函数是最常用的求和函数，返回某一单元格区域中数字、逻辑值及数字的文本表达式之和。使用 SUM 函数统计每个员工总成绩的具体操作如下。

第 1 步：计算总成绩

选中单元格 J3，输入公式 "=SUM(D3: H3)"，按下"Enter"键即可计算出员工"张三"的总成绩，如下图所示。

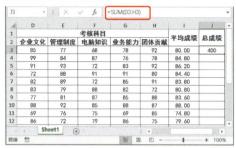

第 2 步：填充数据

选中单元格 J3，将光标定位在单元格的右下角，鼠标指针变成十字形状时，拖动鼠标向下填充，将公式填充至单元格 J12，如下图所示。

4.3.3 RANK 排名次

RANK 函数的功能是返回某个单元格区域内指定字段的值在该区域内所有值的排名。使用 RANK 函数对员工的总成绩进行排名的具体操作如下。

第 1 步：计算名次

选中单元格 K3，输入公式 "=RANK(J3,$J$3:$J$20)"，按下"Enter"键即可计算出员工"张三"的名次，如下图所示。

第 2 步：填充数据

选中单元格 K3，将光标定位在单元格的右下角，鼠标指针变成十字形状时，拖动鼠标向下填充，将公式填充至单元格 K12，如下图所示。

4.3.4 COUNTIF 统计人数

COUNTIF 函数是对指定区域中符合指定条件的单元格计数的一个函数。假设单科成绩>=90 分的为优异成绩，接下来使用 COUNTIF 函数统计每个科目优异成绩的个数，具体操作如下。

第 1 步：统计取得优异成绩的人数

选中单元格 D13，输入公式 "=COUNT IF (D3:D12,">=90")"，按下 "Enter" 键，即可计算出"企业文化"科目中取得优异成绩的人数，如下图所示。

第 2 步：填充数据

选中单元格 D13，将光标定位在单元格的右下角，鼠标指针变成十字形状时，拖动鼠标向右填充，将公式填充至单元格 H13，如下图所示。

> **知识加油站**
>
> 在 Excel 中，COUNTIF 函数的使用率较高，主要用来求区域内满足指定条件的计数。函数语法为 COUNTIF(range, criteria)，是通过条件计数的函数，括号内第一个参数 range 表示统计区域，第二个参数 criteria 表示条件，只有满足了该条件才计入结果内。如果要统计真空单元格的个数，使用公式 "=COUNTIF(数据区,"=")" 即可，公式中的标点符号要用英文半角状态输入。

高手秘籍　实用操作技巧

通过对前面知识的学习，相信读者已经掌握了 Excel 2016 公式与函数的应用。下面结合本章内容，给大家介绍一些实用技巧。

> **配套文件**
>
> 原始文件：素材文件\第 4 章\实用技巧\
> 结果文件：结果文件\第 4 章\实用技巧\
> 视频文件：教学文件\第 4 章\高手秘籍.mp4

扫码看微课

Skill 01　如何输入数组公式

使用数组公式可以快速将公式应用到单元格区域中计算多个结果，也就是将数组公式输入到与数组参数中所用相同的列数和行数的单元格区域中执行计算操作。在单元格区域中输入数组公式的具体操如下。

第1步：输入等号

打开本实例的素材文件，选中单元格区域 E2:E10，在编辑栏中输入等号"="，如下图所示。

第2步：选择区域

拖动鼠标选中单元格区域 C2:C10，如下图所示。

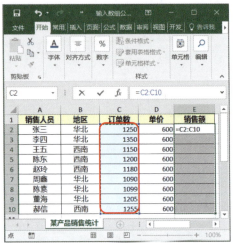

第3步：输入乘号

输入乘号"*"，如下图所示。

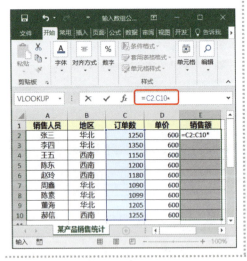

第4步：选择区域

拖动鼠标选中单元格区域 D2:D10，如下图所示。

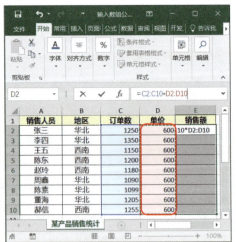

第 5 步：转换成数组公式

按下"Ctrl+Shift+Enter"组合键，此时即可在输入的公式前后加上花括号"{}"，变成数组公式"{=C2:C10*D2:D10}"，并得出计算结果，如右图所示。

知识加油站

如果要修改数组公式，双击所在的单元格进入修改状态，修改完毕后，按"Ctrl+Shift+Enter"组合键结束，Excel会自动修改数组公式。

Skill 02 使用 VLOOKUP 函数查找考评成绩

VLOOKUP 函数是 Excel 中的一个纵向查找函数，即对数据区域进行按列查找，最终返回该列所需查询列序所对应的值。

语法格式为：VLOOKUP(lookup_value,table_array,row_index_num,range_lookup)

（1）lookup_value 为需要在数据表的第一列中进行查找的数值；

（2）table_array 为需要在其中查找数据的数据表；row_index_num 为参数说明，row_index_ num 为 1 时，返回 table_array 第一列的数值，row_index_num 为 2 时，返回 table_array 第二列的数值，以此类推。

（3）range_lookup 为一个逻辑值，指明函数 VLOOKUP 查找时是精确匹配，还是近似匹配。如果为 FALSE 或 0，则返回精确匹配，如果找不到，则返回错误值#N/A。如果 range_lookup 为 TRUE 或 1，函数 VLOOKUP 将查找近似匹配值。也就是说，如果找不到精确匹配值，则返回小于 lookup_value 的最大数值。

接下来使用 VLOOKUP 函数查询员工培训成绩，具体操作如下。

第 1 步：查询企业文化科目成绩

打开素材文件，切换到工作表"查询"，在单元格 B3 中输入公式"=VLOOKUP ($B$2,成绩表!$C$3:$K$15,2,0)"，按下"Enter"键，即可根据员工姓名查询出"企业文化"科目的成绩，如右图所示。

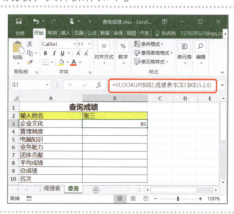

第2步：查询其他科目成绩

使用同样的方法，输入其他科目的查询公式，即可查询各科目的成绩，如右图所示。

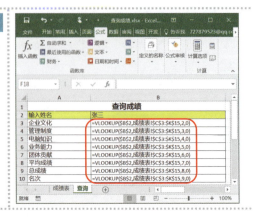

Skill 03　使用 IF 嵌套函数计算员工提成

IF 是 Excel 中的一个逻辑函数，如果满足条件，就返回一个指定的值，如果不满足条件，就会返回另一个值，该返回的值可以是字符串，也可以是逻辑值（FALSE 或 TRUE），还可以是数值等。

例如，某公司根据业务员的销售额计算业务提成，销售额 6000 元以下，无提成；6000<=销售额<8000，提成 500 元；8000<=销售额<15000，提成 750 元；销售额>=15000，提成 1000 元。

接下来使用 IF 嵌套函数，根据上述计算规则计算员工提成，具体操作如下。

第1步：输入公式

打开本实例的素材文件，在单元格 D2 中输入公式"=IF(C2<6000,"无",IF(C2>=15000,"1000",IF(C2>=8000,750,IF(C2>=5000,500))))"，按下"Enter"键，即可计算出员工"张三"的业绩提成，如下图所示。

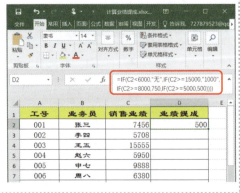

第2步：填充公式

将公式填充到本列的其他单元格中，即可计算出其他员工的业绩提成，如下图所示。

知识加油站

IF 函数的格式如下：

=IF（逻辑表达式,结果 1,结果 2）

（1）结果 1 为逻辑表达式，计算结果为 TRUE（真）的值，也就是满足条件时返回的结果。

（2）结果 2 为逻辑表达式，计算结果为 FALSE（假）的值，也就是不满足条件返回的结果。

（3）上式中结果 1 或结果 2 都可用一个新的 IF（,,）来代替，以此类推，就组成了嵌套函数。

本章小结

本章结合实例讲述了 Excel 2016 公式与函数的使用，主要介绍了输入和编辑公式的方法，使用文本函数提取字符的技巧，以及统计函数的应用等。通过对本章的学习，读者可快速掌握公式和函数的应用技巧，得心应手地计算工作表中的数据。

第 5 章

Excel 2016 数据的排序、筛选与分类汇总

本章导读

排序、筛选和分类汇总是重要的数据统计和分析工具。本章以排序销售统计表、筛选订单明细表和汇总差旅费统计表为例,介绍排序、筛选和分类汇总功能在数据统计与分析工作中的操作技巧。

知识要点

- 简单排序
- 复杂排序
- 自定义排序
- 自动筛选
- 自定义筛选
- 高级筛选
- 创建分类汇总
- 删除分类汇总

案例展示

第 5 章
Excel 2016 数据的排序、筛选与分类汇总

实战应用 跟着案例学操作

5.1 排序销售数据

为了方便查看表格中的数据，可以按照一定的顺序对工作表中的数据进行重新排序。数据排序方法主要包括简单排序、复杂排序和自定义排序。本节以排序销售统计表为例，介绍 3 种排序方法的具体操作。

销售统计表排序完成后的效果如下图所示。

配套文件

原始文件：素材文件\第 5 章\销售统计表.xlsx
结果文件：结果文件\第 5 章\销售统计表.xlsx
视频文件：教学文件\第 5 章\排序销售数据.mp4

扫码看微课

5.1.1 简单排序

对数据清单进行排序时，如果按照单列的内容进行简单排序，既可以直接使用"升序"或"降序"按钮来完成，也可以通过"排序"对话框来完成。

1. 使用"升序"或"降序"按钮

接下来使用"升序"按钮按"产品名称"对销售数据进行简单排序，具体操作如下。

第1步：单击"升序"按钮

打开本实例的素材文件，选中"产品名称"列中的任意一个单元格，❶单击"数据"选项卡；❷在"排序和筛选"组中单击"升序"按钮。

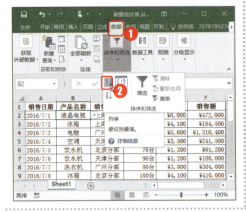

第2步：查看排序结果

此时，销售数据就会按照"产品名称"进行升序排序，如下图所示。

疑难解答

Q：Excel 的数据排序默认是按行排序和按字母排序，能不能按列排序或按笔画排序呢？

A：当然可以。打开"排序"对话框，单击"选项"按钮，弹出"选项"对话框，然后选择"按列排序"或"按笔画排序"选项即可。

2. 使用"排序"对话框

接下来使用"排序"对话框，设置一个排序条件，按"产品单价"对销售数据进行降序排序，具体操作如下。

第1步：执行排序命令

选中数据区域中的任意一个单元格，❶单击"数据"选项卡；❷在"排序和筛选"组中单击"排序"按钮。

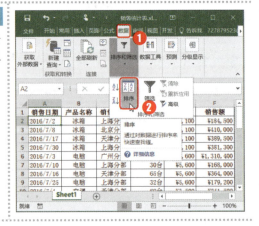

第 5 章
Excel 2016 数据的排序、筛选与分类汇总

第 2 步：设置排序条件

弹出"排序"对话框，❶在"主要关键字"下拉列表中选择"产品单价"选项；❷在"次序"下拉列表中选择"降序"选项；❸单击"确定"按钮，如右图所示。

第 3 步：查看排序结果

此时，销售数据就会按照"产品单价"进行降序排序，如右图所示。

知识加油站

Excel 数据的排序依据有多种，主要包括数值、单元格颜色、字体颜色和单元格图标，按照数值进行排序是最常用的一种排序方法。

5.1.2 复杂排序

如果在排序字段里出现相同的内容，会保持着它们的原始次序。如果用户还要对这些相同内容按照一定条件进行排序，就会用到多个关键字的复杂排序。

接下来，首先按照"销售区域"对销售数据进行升序排列，然后按照"销售额"进行降序排列，具体操作如下。

第 1 步：执行排序命令

选中数据区域中的任意一个单元格，❶单击"数据"选项卡；❷在"排序和筛选"组中单击"排序"按钮。

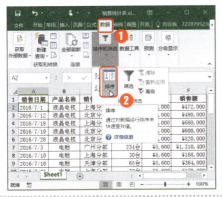

第 2 步：设置第一个排序条件

弹出"排序"对话框，❶在"主要关键字"下拉列表中选择"销售区域"选项；❷在"次序"下拉列表中选择"升序"选项；❸单击"添加条件"按钮，如下图所示。

95

第3步：设置第二个排序条件

此时即可添加一组新的排序条件，❶在"次要关键字"下拉列表中选择"销售额"选项；❷在"次序"下拉列表中选择"升序"选项；❸单击"确定"按钮，如下图所示。

第4步：查看排序结果

此时，销售数据在根据"销售区域"进行升序排列的基础上，按照"销售额"进行了升序排列，排序结果如下图所示。

5.1.3 自定义排序

数据的排序方式除了可以按照数字大小和拼音字母排序，还会涉及一些没有明显顺序特征的项目，如"产品名称"、"销售区域"、"业务员"、"部门"等，此时，可以按照自定义的序列对这些数据进行排序。

接下来将销售区域的序列顺序定义为"北京分部，上海分部，天津分部，广州分部"，然后进行排序，具体操作如下。

第1步：执行排序命令

选中数据区域中的任意一个单元格，❶单击"数据"选项卡；❷单击"排序和筛选"组中的"排序"按钮，如下图所示。

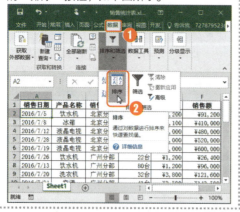

第2步：执行自定义序列命令

弹出"排序"对话框，在"主要关键字"中的"次序"下拉列表中选择"自定义序列"选项，如下图所示。

第3步：自定义排序

弹出"自定义序列"对话框，❶在"自定义序列"列表框中选择"新序列"选项；❷在"输入序列"文本框中输入"北京分部,上海分部,天津分部,广州分部"，中间用英文半角状态下的逗号隔开；❸单击"添加"按钮，如下图所示。

第4步：查看添加结果

此时，新定义的序列"北京分部,上海分部,天津分部,广州分部"就添加到了"自定义序列"列表框中，然后单击"确定"按钮，如下图所示。

第5步：选择次序

返回"排序"对话框，此时，在"主要关键字"中的"次序"下拉列表中自动选择"北京分部,上海分部,天津分部,广州分部"选项，然后单击"确定"按钮，如下图所示。

第6步：查看自定义排序结果

此时，表格中的数据就按照自定义的"北京分部,上海分部,天津分部,广州分部"序列进行了排序，如下图所示。

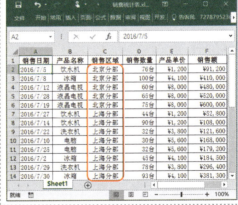

知识加油站

有时我们要对"销售额"、"工资"等字段进行排序，不希望打乱表格原有数据的顺序，只需要得到一个排列名次，这时该怎么办呢？对于这类问题，我们可以用 RANK 函数来实现次序的排列。

5.2 筛选订单明细

如果要在成百上千条数据记录中查询需要的数据，此时就要用到Excel的筛选功能。Excel 2016中提供了3种数据的筛选操作，即"自动筛选"、"自定义筛选"和"高级筛选"。本节主要介绍如何使用Excel的筛选功能对订单明细表中的数据按条件进行筛选和分析。

"订单明细表"筛选完成后的效果如下图所示。

配套文件

原始文件：素材文件\第5章\订单明细表.xlsx
结果文件：结果文件\第5章\订单明细表.xlsx
视频文件：教学文件\第5章\筛选订单明细.mp4

扫码看微课

5.2.1 自动筛选

自动筛选是Excel中一个易于操作且经常使用的实用技巧。自动筛选通常是按简单的条件进行筛选，筛选时将不满足条件的数据暂时隐藏起来，只显示符合条件的数据。接下来，在订单明细表中筛选出来自东南亚的订单记录，具体操作如下。

第1步：执行筛选命令

打开本实例的素材文件，将光标定位在数据区域的任意一个单元格中，❶单击"数据"选项卡；❷单击"排序和筛选"组中的"筛选"按钮。

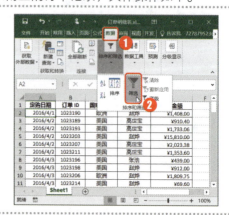

第2步：进入筛选状态

此时，工作表进入筛选状态，各标题字段的右侧出现一个下拉按钮，如右图所示。

第3步：单击下拉按钮

单击"国家/地区"右侧的下拉按钮，如下图所示。

第4步：弹出筛选列表

弹出一个筛选列表，此时，所有的国家/地区都处于选中状态，如下图所示。

第5步：取消全选

单击"全选"选项左侧的复选框，取消对钩，此时就取消了所有国家/地区的选项，如下图所示。

第6步：选择选项

❶单击"东南亚"选项，即可勾选其左侧的复选框；❷单击"确定"按钮，如下图所示。

第 7 步：查看筛选结果

此时，来自东南亚的订单记录就被筛选出来了，并在筛选字段的右侧出现一个"筛选"按钮，如下图所示。

第 8 步：清除筛选

❶单击"数据"选项卡；❷单击"排序和筛选"组中的"清除"按钮，此时即可清除当前数据区域的筛选和排序状态。

5.2.2 自定义筛选

自定义筛选是指通过定义筛选条件，查询符合条件的数据记录。在 Excel 2016 中，自定义筛选包括日期筛选、数字筛选和文本筛选。接下来在订单明细表中筛选"2000≤订单金额≤6000"的订单记录，具体操作如下。

第 1 步：单击下拉按钮

进入筛选状态，单击"订单金额"右侧的下拉按钮，如下图所示。

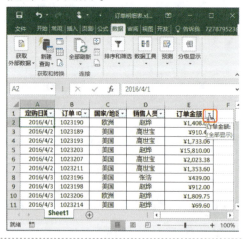

第 2 步：选择数字筛选

❶在弹出的筛选列表中选择"数字筛选"选项；❷然后在其下级列表中选择"自定义筛选"选项，如下图所示。

第 3 步：自定义筛选条件

弹出"自定义自动筛选方式"对话框，❶将筛选条件设置为"订单金额大于或等于 2000 与小于或等于 6000"；❷单击"确定"按钮。

第 4 步：查看筛选结果

此时，订单金额在 2000 元至 6000 元之间的订单明细就筛选出来了，如下图所示。

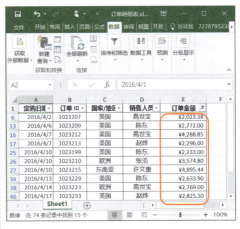

5.2.3 高级筛选

在数据筛选过程中可能会遇到许多复杂的筛选条件，此时，就用到了 Excel 的高级筛选功能。使用高级筛选功能时，其筛选结果可显示在原数据表格中，也可以在新的位置显示筛选结果。接下来，在订单明细表中筛选销售人员"张浩"接到的订单金额"小于 1000 元"的小额订单明细，具体操作如下。

第 1 步：设置筛选条件

在单元格 D78 中输入"销售人员"，在单元格 D79 中输入"张浩"，在单元格 E78 中输入"订单金额"，在单元格 E79 中输入"<1000"，如下图所示。

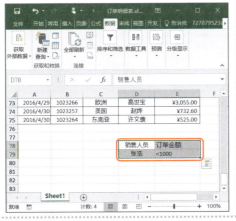

第 2 步：执行高级筛选命令

将光标定位在数据区域的任意一个单元格中，❶单击"数据"选项卡；❷单击"排序和筛选"工具组中的"高级"按钮，如下图所示。

第 3 步：单击折叠按钮

弹出"高级筛选"对话框，❶选中"在原有区域显示筛选结果"单选框；❷单击"列表区域"文本框右侧的"折叠"按钮，如下图所示。

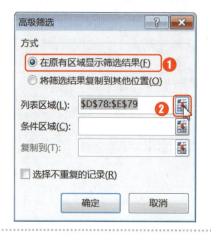

第 4 步：设置条件区域

弹出"高级筛选-列表区域："对话框，❶在工作表中选择单元格区域 A1:E75；❷单击"高级筛选-列表区域："对话框中的"展开"按钮，如下图所示。

第 5 步：查看列表区域

返回"高级筛选"对话框，此时，即可在"列表区域"文本框中显示出筛选的数据范围，然后单击"条件区域"文本框右侧的"折叠"按钮，如下图所示。

第 6 步：设置条件区域

弹出"高级筛选-条件区域："对话框，❶在工作表中选择单元格区域 D78:E79；❷然后单击"高级筛选-条件区域："对话框中的"展开"按钮，如下图所示。

第 7 步：确认条件区域

返回"高级筛选"对话框，此时，即可在"条件区域"文本框中显示出条件区域的范围，然后单击"确定"按钮，如下图所示。

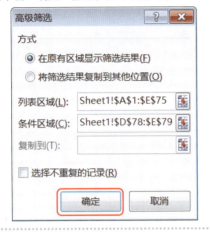

第 8 步：查看筛选结果

此时，销售人员"张浩"接到的订单金额"小于 1000 元"的小额订单明细就被筛选出来了，如下图所示。

5.3 分类汇总部门费用

Excel 提供有"分类汇总"功能，使用该功能可以按照各种汇总条件对数据进行分类汇总。本节使用分类汇总功能，按"所属部门"对企业发生的费用进行分类汇总，统计各部门的费用使用情况。

按"所属部门"汇总企业费用的最终效果如下图所示。

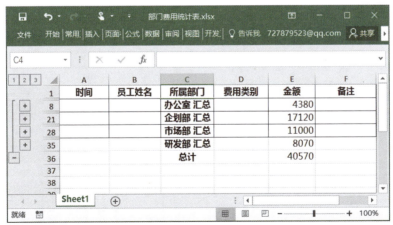

103

Excel 2016 商务办公一本通（超值全彩版）

配套文件

原始文件：素材文件\第5章\部门费用统计表.xlsx
结果文件：结果文件\第5章\部门费用统计表.xlsx
视频文件：教学文件\第5章\分类汇总部门费用.mp4

扫码看微课

5.3.1 创建分类汇总

本节按照所属部门对企业费用进行分类汇总，统计各部门费用总额。创建分类汇总之前，首先要按照所属部门对工作表中的数据进行排序，然后进行汇总，具体操作如下。

第1步：执行排序命令

打开本实例的素材文件，将光标定位在数据区域的任意一个单元格中，❶单击"数据"选项卡；❷单击"排序和筛选"工具组中的"排序"按钮，如下图所示。

第2步：设置排序条件

弹出"排序"对话框，❶在"主要关键字"下拉列表中选择"所属部门"选项；❷在"次序"下拉列表中选择"升序"选项；❸单击"确定"按钮，如下图所示。

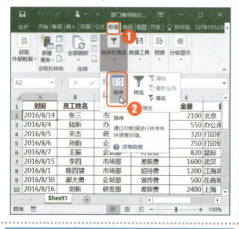

第3步：查看排序结果

此时，表格中的数据就会根据"所属部门"的拼音首字母进行升序排列，如右图所示。

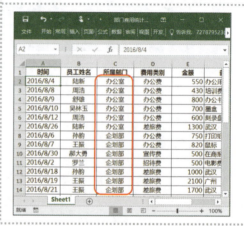

104

第 4 步：执行分类汇总命令

❶单击"数据"选项卡；❷单击"分级显示"工具组中的"分类汇总"按钮。

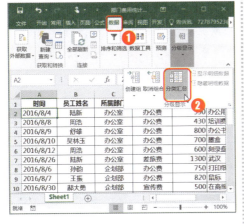

第 5 步：设置汇总选项

弹出"分类汇总"对话框，❶在"分类字段"下拉列表中选择"所属部门"选项，在"汇总方式"下拉列表中选择"求和"选项；❷在"选定汇总项"列表框中选中"金额"选项；❸选中"替换当前分类汇总"和"汇总结果显示在数据下方"复选框；❹单击"确定"按钮。

第 6 步：查看汇总结果

此时，即可看到按照所属部门对费用总额进行汇总的第 3 级汇总结果，如下图所示。

第 7 步：单击数字按钮 2

单击汇总区域左上角的数字按钮"2"，此时即可查看第 2 级汇总结果，如下图所示。

知识加油站

在二级汇总数据中，单击任意一个"加号"按钮，即可展开下一级数据；单击汇总区域左上角的数字按钮"3"，即可查看第 3 级汇总结果。

疑难解答

Q：执行分类汇总时，对数据有什么特殊要求吗？

A：有的。在日常工作中，我们通常对 Excel 二维数据表格进行分类汇总。

5.3.2 删除分类汇总

如果要删除分类汇总，具体操作如下。

第 1 步：执行分类汇总命令

选中数据区域中的任意一个单元格，❶单击"数据"选项卡；❷在"分级显示"组中单击"分类汇总"按钮，如下图所示。

第 2 步：删除分类汇总

弹出"分类汇总"对话框，直接单击"全部删除"按钮，即可删除之前的分类汇总，如下图所示。

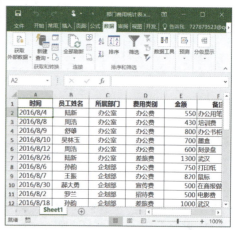

疑难解答

Q：打印分类汇总结果时，是否可以按照汇总字段进行分页打印？

A：当然可以。例如，我们经常要在分类汇总后按照"月份"打印数据，这时我们只要在"分类汇总"对话框中勾选"每组数据分页"，就可以按组打印了。

高手秘籍　实用操作技巧

通过对前面知识的学习，相信读者已经掌握了 Excel 2016 数据的排序、筛选与分类汇总的操作方法。下面结合本章内容，给大家介绍一些实用技巧。

第 5 章
Excel 2016 数据的排序、筛选与分类汇总

配套文件

原始文件：素材文件\第 5 章\实用技巧\
结果文件：结果文件\第 5 章\实用技巧\
视频文件：教学文件\第 5 章\高手秘籍.mp4

扫码看微课

Skill 01　使用"Ctrl+Shift+方向键"选取数据

使用"Ctrl+Shift+方向键"可以快速选取批量数据，例如，选中首行数据，然后按下"Ctrl+Shift+↓"组合键即可选中表格中的所有数据。接下来介绍"Ctrl+Shift"组合键与上、下、左、右各方向键的组合应用，具体操作如下。

第 1 步：向上选取数据

选中数据区域中的一个单元格，例如选中单元格 C6，按下"Ctrl+Shift+↑"组合键，即可选中该单元格及其以上的数据区域。

第 2 步：向下选取数据

按下"Ctrl+Shift+↓"组合键，即可选中该单元格及其以下的数据区域。

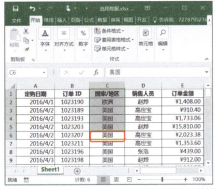

第 3 步：向左选取数据

按下"Ctrl+Shift+←"组合键，即可选中该单元格及其左边的数据区域。

第 4 步：向右选取数据

按下"Ctrl+Shift+→"组合键，即可选中该单元格及其右边的数据区域。

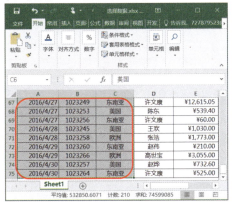
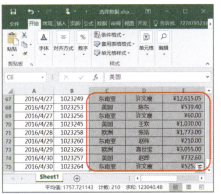

107

Skill 02 筛选不同颜色的数据

自动筛选功能不仅能够根据文本内容、数字、日期进行筛选，还可以根据数据的颜色进行筛选。根据颜色筛选数据的具体操作如下。

第1步：单击下拉按钮

打开本实例的素材文件，进入筛选状态，单击"产品名称"右侧的下拉按钮，如下图所示。

第2步：选择筛选选项

在弹出的筛选列表中选择"按颜色筛选→红色"选项，如下图所示。

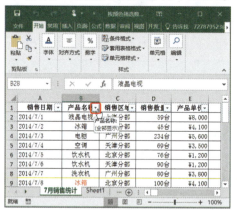

第3步：查看筛选结果

此时，所有"产品名称"是红色字体的数据记录就被筛选出来了，如右图所示。

> **知识加油站**
>
> 拥有大量数据时按照颜色进行筛选比较好，数据量不大时，可以通过条件格式看出需要的结果。此外，按照颜色进行排序也可达到筛选的效果。

Skill 03 把汇总项复制并粘贴到另一张表

数据分类汇总后，如果要将汇总项复制、粘贴到另一个表中，通常会连带着二级和三级数据。此时可以通过定位可见单元格复制数据，然后只粘贴数值，即可剥离二级和三级数据。只复制和粘贴汇总项的具体操作如下。

第5章 Excel 2016 数据的排序、筛选与分类汇总

第1步：打开素材文件

打开本实例的素材文件，分类汇总后的2级数据如下图所示。

第2步：打开"定位"对话框

按下"Ctrl+G"组合键，打开"定位"对话框，单击"定位条件"按钮，如下图所示。

第3步：定位可见单元格

打开"定位条件"对话框，❶选中"可见单元格"单选框；❷单击"确定"按钮，如下图所示。

第4步：复制数据

此时即可选中可见单元格，单击鼠标右键，在弹出的快捷菜单选中"复制"命令。

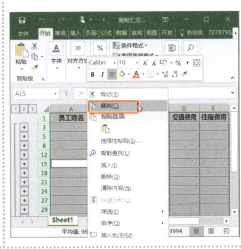

109

第 5 步：粘贴数据

打开新的工作表，单击鼠标右键，在弹出的快捷菜单选中"粘贴选项→数值"命令。

第 6 步：查看粘贴结果

此时，所有 2 级数据的汇总项就复制到了新的工作表中，如下图所示。

本章小结

本章结合实例主要讲述了 Excel 的排序、筛选和分类汇总功能。本章的重点是让读者掌握自定义排序的技巧、高级筛选的技巧以及分类汇总的应用。通过对本章的学习，读者能熟练掌握表格的数据统计和分析技能。

第 6 章

Excel 2016 统计图表的应用

本章导读

图表是数据的形象化表达，使用图表功能可以更加直观地展现数据，使数据更具说服力。本章以制作考评成绩柱形图、销售数据统计图和制作销售数据透视图表为例，介绍图表、迷你图表和数据透视图表在数据统计与分析中的应用。

知识要点

- 创建柱形图表
- 调整图表布局
- 设置图表格式
- 使用迷你图分析销量变化趋势
- 创建销量对比图
- 制作月销售额比例图
- 制作人力资源月报

案例展示

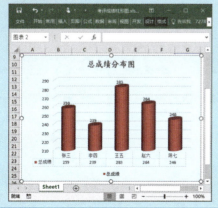

实战应用 跟着案例学操作

6.1 利用柱形图分析员工考评成绩

通常情况下，企业会定期对员工进行考评，衡量与评定员工完成岗位职责任务的能力与效果。本节主要介绍如何使用 Excel 的图表功能，根据员工考评成绩制作考评成绩柱形图。

考评成绩柱形图的最终效果如下图所示。

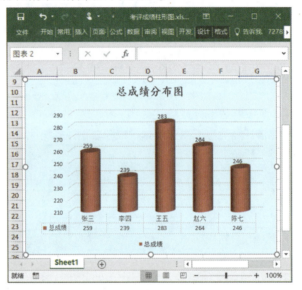

 配套文件

原始文件：素材文件\第 6 章\考评成绩柱形图.xlsx
结果文件：结果文件\第 6 章\考评成绩柱形图.xlsx
视频文件：教学文件\第 6 章\利用柱形图分析员工考评成绩.mp4

扫码看微课

6.1.1 创建柱形图表

柱形图是常用图表之一，也是 Excel 的默认图表，主要用于反映一段时间内的数据变化或显示不同项目间的对比。Excel 2016 自带了多种柱形图，用户只需根据实际需要选择即可。创建柱形图表的具体操作如下。

第 1 步：选择数据源

打开本实例的素材文件，选中单元格区域 A2:A8 和 G2:G8。

第 2 步：执行插入簇状柱形图命令

单击"插入"选项卡，❶在"图表"组中单击"插入柱形图或条形图"按钮；❷在弹出的下拉列表中选择"三维簇状柱形图"选项。

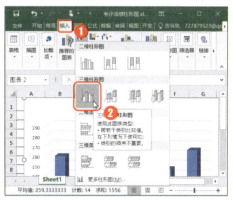

第 3 步：查看创建的图表

此时即可根据源数据，创建一个三维簇状柱形图，如右图所示。

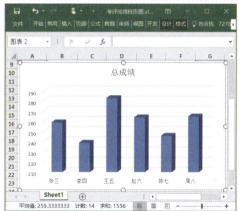

知识加油站

在 Excel 表格中，如果知道数据应该使用哪种图表类型的时候，直接插入相应的图表即可；如果不知道选择哪种图表，可以使用 Excel 2016 推荐的图表。Excel 2016 为各种数据量身定做了多种图表集，能够更好地展现数据。

6.1.2 调整图表布局

创建图表后，还可以更改图表外观。既可以直接使用快速布局中的样式调整图表布局，也可以根据需要自定义图表布局。

1．快速布局

为了避免手动进行大量的格式设置，Excel 2016 提供了多种实用的布局和样式，可以将其快速应用到图表中。使用快速布局中的样式调整图表布局的具体操作如下。

第 1 步：执行快速布局命令

选中图表，❶在"图表工具"栏中单击"设计"选项卡；❷在"图表布局"组中单击"快速布局"按钮；❸在弹出的下拉列表中选择"布局2"选项，如下图所示。

第 2 步：查看快速布局效果

此时，选中的图表就会应用"布局2"的样式效果，如下图所示。

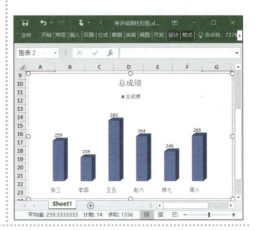

> **知识加油站**
>
> 利用 Excel 的快速布局功能可以快速更改图表的整体布局。Excel 2016 提供了9种布局样式，每种布局样式包含不同的图表元素，用户可以根据需要进行选择。

2. 自定义图表布局

除使用快速布局中的样式快速调整图表布局外，还可以通过手动更改图表元素和图表样式，使用图表筛选器等方式自定义图表布局或样式。自定义图表布局的具体操作如下。

第 1 步：单击"图表元素"按钮

选中图表，在图表的右上角单击"图表元素"按钮，如下图所示。

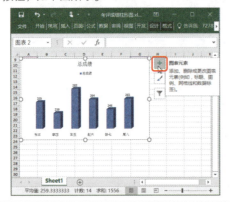

第 2 步：添加数据表

在弹出的下拉列表中选中"数据表"选项，如下图所示。

第 6 章
Excel 2016 统计图表的应用

第 3 步：查看添加效果
此时就在原有图表元素的基础上添加了数据表，如下图所示。

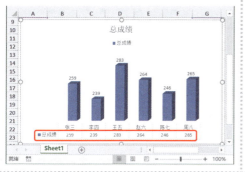

第 4 步：单击"图表样式"按钮
选中图表，在图表的右上角单击"图表样式"按钮，如下图所示。

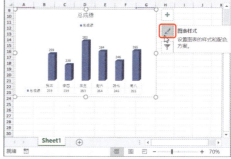

第 5 步：选择样式
在弹出的下拉列表中选中"样式1"选项，如下图所示。

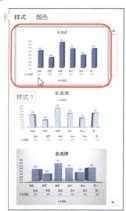

第 6 步：查看应用样式后的效果
此时即可看到应用"样式1"后的效果，如下图所示。

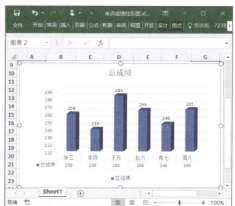

第 7 步：单击"图表筛选器"按钮
选中图表，在图表的右上角单击"图表筛选器"按钮，如右图所示。

115

第8步：设置筛选条件

❶在弹出的下拉列表中取消勾选"周八"复选框；❷单击"应用"按钮，如下图所示。

第9步：查看筛选效果

此时，员工"周八"的信息就不在图表中显示了，如下图所示。

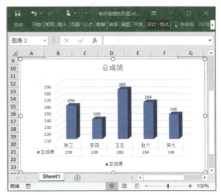

知识加油站

自定义布局或格式不能保存，但是可以通过将图表另存为图表模板的方式重复使用自定义布局或格式。

6.1.3 设置图表格式

图表创建完成后，可以通过设置图表格式来美化图表，主要对图表标题、图例、图表区域、数据系列、绘图区、坐标轴、网格线等项目进行格式设置，具体操作如下。

第1步：设置图表标题的字体格式

选中图表标题，将图表标题更改为"总成绩分布图"，❶单击"开始"选项卡；❷在"字体"组中的"字体"下拉列表中选择"楷体"选项，在"字号"下拉列表中选择"16"选项；❸单击"加粗"按钮，如下图所示。

第2步：设置图例的字体格式

选中图例，❶单击"开始"选项卡；❷在"字体"组中的"字体"下拉列表中选择"黑体"选项，如下图所示。

第 3 步：调整图表大小

选中要调整大小的图表,此时图表区的四周会出现 8 个控制点,将鼠标指针移动到图表的右下角,此时鼠标指针变成形状,按住鼠标左键向左上或右下拖动,拖动到合适的位置释放鼠标左键即可。

第 4 步：更改图表颜色

选中图表，❶在"图表工具"栏中单击"设计"选项卡；❷在"图表样式"组单击"更改颜色"按钮；❸在弹出的下拉列表中选择"颜色 6"选项，如下图所示。

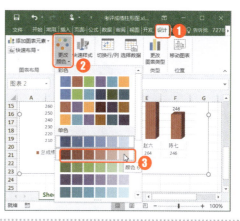

第 5 步：执行设置图表区域格式命令

选中图表,单击鼠标右键,在弹出的快捷菜单中选择"设置图表区域格式"命令,如下图所示。

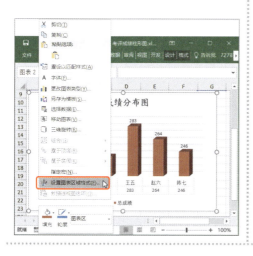

第 6 步：设置填充颜色

此时，在工作表的右侧出现"设置图表区格式"窗口，❶选中"纯色填充"单选钮；❷在"颜色"下拉列表中选择"水绿色，个性色 5，淡色 80%"选项，如下图所示。

117

第 7 步：查看图表区域设置效果

此时，图表区域中的颜色就填充成了"水绿色，个性色 5，淡色 80%"，如下图所示。

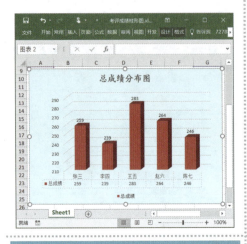

第 8 步：执行设置数据系列格式命令

选中图表，单击鼠标右键，在弹出的快捷菜单中选择"设置数据系列格式"命令，如下图所示。

第 9 步：设置系列选项

此时，在工作表的右侧出现"设置数据系列格式"窗口，❶在"系列间距"微调框中将数值设置为"10%"；❷在"分类间距"微调框中将数值设置为"100%"；❸在"柱体形状"列表框中勾选"圆柱图"单选框。

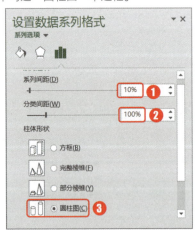

第 10 步：查看设置效果

设置完成后，图表的最终效果如下图所示。

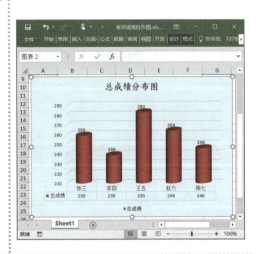

6.2 创建销售情况统计图

Excel 2016 提供了多种图表类型，如柱形图、折线图、饼图、迷你图等。通常情况下，使用柱形图来比较数据间的数量关系；使用折线图来反映数据间的趋势关系；使用饼图来表示数据间的分配关系。本节主要介绍如何使用图表功能制作销售数据统计图，分析销量变化趋势和销售额分配情况。

"销售数据统计图"制作完成后的效果如下图所示。

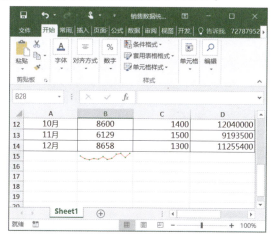

配套文件
原始文件：素材文件\第6章\销售数据统计图.xlsx
结果文件：结果文件\第6章\销售数据统计图.xlsx
视频文件：教学文件\第6章\创建销售情况统计图.mp4

扫码看微课

6.2.1 使用迷你图分析销量变化趋势

迷你图是单元格中的一个微型图表，可提供数据的直观显示。使用迷你图可以显示一系列数值的变化趋势，例如，不同时期数量的增减变化等，还可以突出显示最大值和最小值。接下来，使用迷你图分析销量变化趋势，具体操作如下。

第1步：执行插入迷你图命令

打开本实例的素材文件，选中单元格区域B3:B14，❶单击"插入"选项卡；❷单击"迷你图"组中的"折线图"按钮。

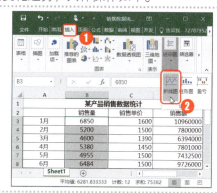

第 2 步：创建迷你图

弹出"创建迷你图"对话框，此时"数据范围"文本框显示了选中的单元格区域"B3:B14"，单击"位置范围"文本框右侧的"折叠"按钮。

第 3 步：选择位置范围

❶在工作表中选中单元格 B15；❷单击"创建迷你图"文本框右侧的"展开"按钮。

第 4 步：确认位置范围

返回"创建迷你图"对话框，单击"确定"按钮。

第 5 步：查看创建的迷你图

此时即可在选中的单元格 B15 中创建一个微型折线图，如下图所示。

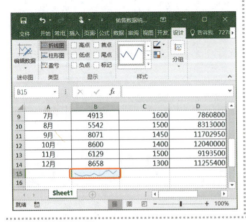

第 6 步：设置迷你图颜色

选中迷你图，❶在"迷你图工具"栏中，单击"设计"选项；❷单击"样式"组中的"迷你图颜色"按钮；❸在弹出的下拉列表中选择"红色"选项，如下图所示。

第 6 章
Excel 2016 统计图表的应用

第 7 步：设置标记颜色

❶单击"样式"组中的"标记颜色"按钮；❷在弹出的下拉列表中选择"标记→绿色"选项，如下图所示。

第 8 步：查看最终效果

操作到这里，迷你图就制作完成了，通过迷你图可以看出产品销售量的总体变化趋势是递增的。

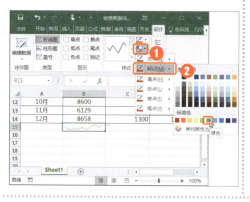
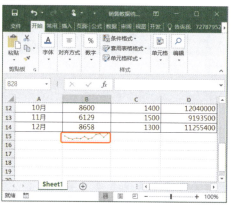

> **知识加油站**
>
> 迷你图存在于单元格中，属于单元格中的值，可以直接打印出来。迷你图主要包括折线图、柱形图和盈亏三种类型。如果数据表中出现负值，可以采用盈亏迷你图。

6.2.2 创建销量对比图

通常情况下，用柱形图来对比数据间的数量变化。接下来通过插入柱形图，制作销售量对比图，具体操作如下。

第 1 步：插入柱形图

选中单元格区域 A2:B14，❶单击"插入"选项卡；❷在"图表"组中单击"柱形图"按钮；❸在弹出的下拉列表中选择"簇状柱形图"选项。

第 2 步：查看插入的柱形图

此时即可插入一个簇状柱形图，如下图所示。

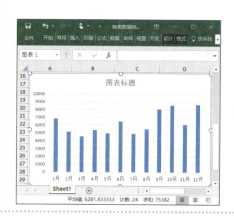

第3步：设置图表标题

将图表标题更改为"销售量对比图"，如下图所示。

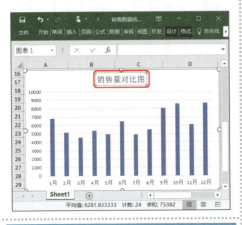

第4步：更改颜色

选中图表，❶在"图表工具"栏中单击"设计"选项卡；❷在"图表样式"组单击"更改颜色"按钮；❸在弹出的下拉列表中选择"颜色4"选项，如下图所示。

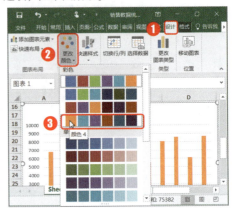

第5步：应用快速样式

❶在"图表样式"组中单击"快速样式"按钮；❷在弹出的下拉列表中选择"样式7"选项，如下图所示。

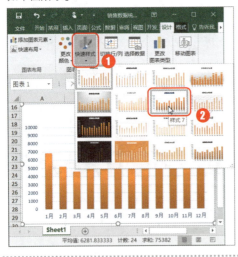

第6步：查看样式效果

此时，选中的图表便应用了"样式7"的效果，如下图所示。

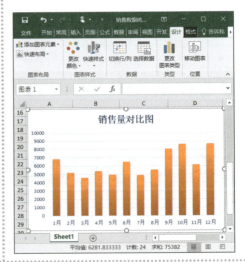

第 7 步：更改图表类型

在"类型"组中单击"更改图表类型"按钮，如下图所示。

第 8 步：选择图表类型

弹出"更改图表类型"对话框，❶选择一种合适的图表类型，例如，选择第二种簇状柱形图；❷单击"确定"按钮，如下图所示。

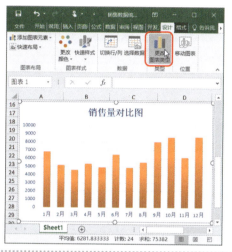
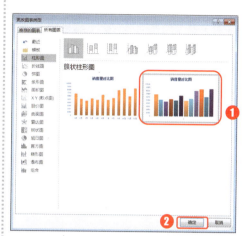

第 9 步：查看最终效果

操作到这里，销售量对比图就制作完成了，最终效果如右图所示。

> **知识加油站**
>
> 柱形对比图主要用于不同时间、不同部门、不同项目之间的横向对比。通过柱形图可以很直观地看出各项目之间的数据对比。

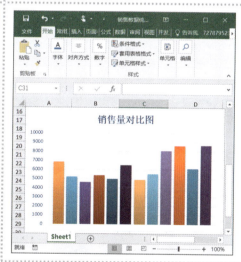

6.2.3 月销售额比例图

日常工作中，经常用饼图来展示一组数据的比例。接下来通过插入饼图，创建月销售额比例图，统计并分析各月销售额占全年销售额的比重，具体操作如下。

123

第1步：插入饼图

选中单元格区域 A2:A14 和 D2:D14，单击"插入"选项卡，❶在"图表"组中单击"饼图"按钮；❷在弹出的下拉列表中选择"三维饼图"选项。

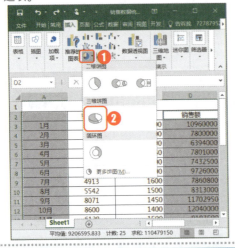

第2步：查看插入的饼图

此时即可根据选中的数据区域插入一个饼图，如下图所示。

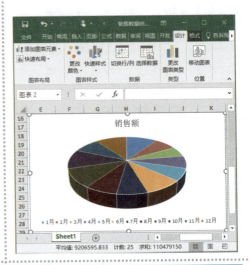

第3步：执行添加数据标签命令

选中图表系列，单击鼠标右键，在弹出的快捷菜单中选择"添加数据标签→添加数据标签"命令，如下图所示。

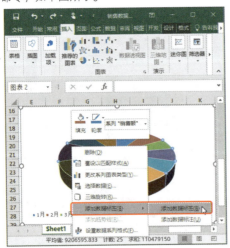

第4步：查看数据标签

此时，饼图中的各部分都添加上了数据标签，如下图所示。

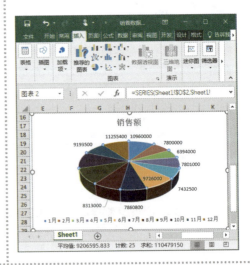

第5步：执行设置数据标签格式命令

选中数据标签，单击鼠标右键，在弹出的快捷菜单中选择"设置数据标签格式"命令，如下图所示。

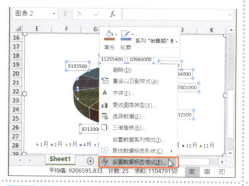

第6步：设置数据标签格式

在工作表的右侧弹出"设置数据标签格式"对话框，取消勾选"值"复选框，然后勾选"百分比"复选框，此时，各部分所占百分比就显示在了图表中，如下图所示。

第7步：应用快速样式

❶在"图表样式"组中单击"快速样式"按钮；
❷在弹出的下拉列表中选择"样式10"选项，如下图所示。

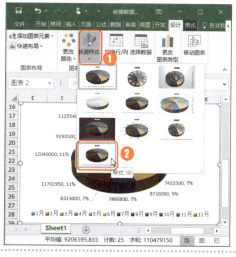

第8步：查看最终结果

将图表标题更改为"销售额对比图"，操作到这里，月销售额比例图就创建完成了，效果如下图所示。

知识加油站

数据标签显示了每个数据点的数值，用户可以根据需要打开"设置数据标签格式"对话框，根据需要勾选"标签选项"即可，如勾选"单元格中的值"、"系列名称"、"类别名称"，其中"百分比"等选项只能用于饼图或圆环图。

6.3 制作人力资源月报

人力资源月报是人事部门统计当月员工基本情况的一种重要报表，主要包括现有人员基本情况，各部门人数增减及基本情况，公司员工学历分布、职称分布、年龄结构、性别情况等。

人力资源月报的最终效果如下图所示。

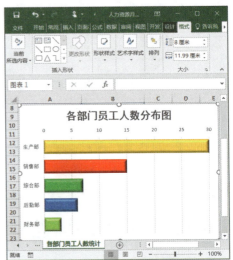

配套文件

原始文件：素材文件\第6章\人力资源月报.xlsx
结果文件：结果文件\第6章\人力资源月报.xlsx
视频文件：教学文件\第6章\制作人力资源月报.mp4

扫码看微课

6.3.1 制作员工总人数变化图

通常情况下，企业内部经常发生员工辞职、退休和聘用等人事变动，人事部门都会按月统计员工总人数，并制作员工总人数变化图，及时上报员工变动情况，具体操作如下。

第6章 Excel 2016 统计图表的应用

第1步：执行插入面积图命令

打开本实例的素材文件，在"员工总数统计"工作表中，选中单元格区域 A3:B14，❶单击"插入"选项卡；❷单击"图表"组中的"插入折线图或面积图"按钮；❸在弹出的下拉列表中选择"二维面积图"选项，如下图所示。

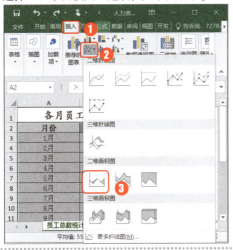

第2步：查看插入的面积图

此时即可插入一个"二维面积图"，如下图所示。

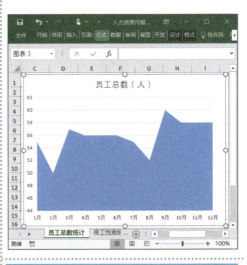

第3步：设置图表标题

❶将图表标题修改为"员工总人数变化图"；❷选中图表标题，单击"开始"选项卡；❸在"字体"组中的"字体"下拉列表中选择"宋体"选项，在"字号"下拉列表中选择"16"选项，如下图所示。

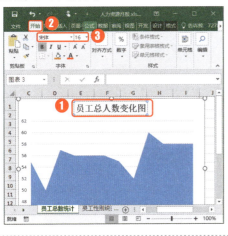

第4步：设置图表颜色

选中整个图表，❶在"图表工具"栏中单击"设计"选项卡；❷在"图表样式"组中单击"更改颜色"按钮；❸在弹出的下拉列表中选择"颜色3"选项，如下图所示。

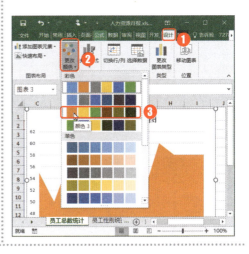

127

第 5 步：设置快速样式

选中整个图表，❶在"图表工具"栏中单击"设计"选项卡；❷在"图表样式"组中单击"快速样式"按钮；❸在弹出的下拉列表中选择"样式 11"选项，如下图所示。

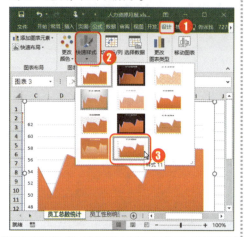

第 6 步：添加图表元素

选中整个图表，❶在"图表布局"组中单击"添加图表元素"按钮；❷在弹出的下拉列表中选择"轴标题"选项；❸在弹出的下级列表中选择"主要纵坐标轴"选项，如下图所示。

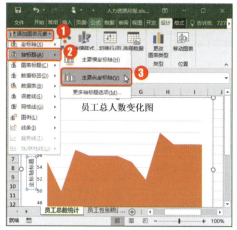

第 7 步：输入文本

此时即可为图表添加上纵向坐标轴标题，然后在文本框中输入文字"人数"，如下图所示。

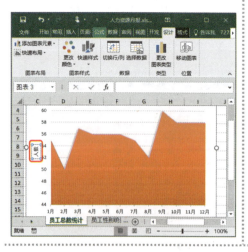

第 8 步：设置坐标轴标题格式

选中纵向坐标轴标题，单击鼠标右键，在弹出的快捷菜单中选择"设置坐标轴标题格式"选项，如下图所示。

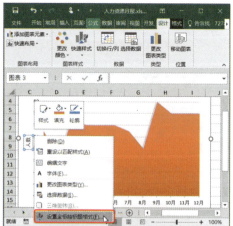

第9步：设置竖排文字

此时，在工作表的右侧出现"设置坐标轴标题格式"窗口，在"文字方向"下拉列表中选择"竖排"选项，如下图所示。

第10步：查看设置效果

此时，纵向坐标轴标题的文字就变成了竖排文字，如下图所示。

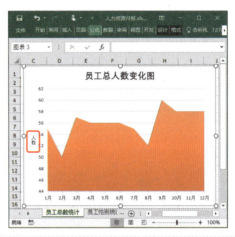

6.3.2 制作各部门员工性别分布图

员工的性别结构是员工基本素质的一个重要组成部分。制作各部门员工性别分布图能够直接反映各部门员工性别分布，为员工培训和岗位分配提供重要依据。制作各部门员工性别分布图的具体操作如下。

第1步：插入百分比堆积柱形图

在"员工性别统计"工作表中，选中单元格区域 A2:F4，❶单击"插入"选项卡；❷单击"图表"组中的"插入柱形图或条形图"按钮；❸在弹出的下拉列表中选择"百分比堆积柱形图"选项，如下图所示。

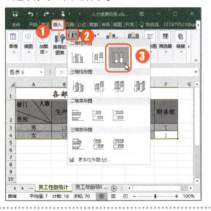

第2步：查看百分比堆积柱形图

此时即可根据选中的源数据，创建一个百分比堆积柱形图，如下图所示。

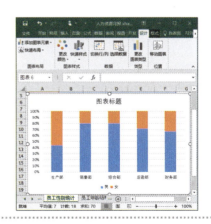

第3步：设置图表标题

❶将图表标题修改为"各部门员工性别分布图"；❷选中图表标题，单击"开始"选项卡；❸在"字体"组中的"字体"下拉列表中选择"黑体"选项，在"字号"下拉列表中选择"18"选项；❹单击"加粗"按钮，如下图所示。

第4步：执行设置图例格式命令

选中图例，单击鼠标右键，在弹出的下拉列表中选择"设置图例格式"选项，如下图所示。

第5步：设置图例选项

此时，在工作表的右侧出现"设置图例格式"窗口，在"图例选项"组中选中"靠右"单选框，如下图所示。

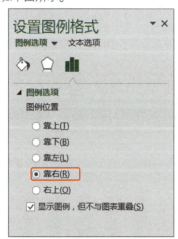

第6步：查看图例设置效果

此时，选中的图例就移动到了图表的右侧，如下图所示。

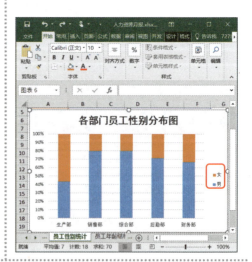

6.3.3 制作各部门员工年龄结构分布图

员工年龄结构是直接反映员工基本素质的一个重要因素。年龄结构状况能够及时反映员工的年龄特点，为员工培训和岗位调整提供参考。人事部门通常按月统计员工年龄结构，并制作员工年龄结构分布图，具体操作如下。

第 1 步：插入三维饼图

在"员工年龄结构分布"工作表中，选中单元格区域 A2:B6，❶单击"插入"选项卡；❷单击"图表"组中的"插入饼图或圆环图"按钮；❸在弹出的下拉列表中选择"三维饼图"选项，如下图所示。

第 2 步：查看三维饼图

此时即可根据选中的源数据，创建一个三维饼图，如下图所示。

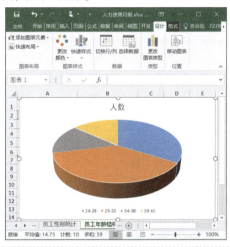

第 3 步：设置图表标题

将图表标题修改为"员工年龄结构分布图"，并设置标题字体格式，如下图所示。

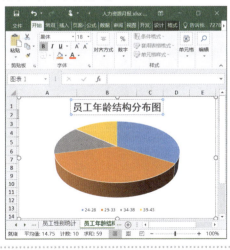

第 4 步：设置图表布局

选中图表，❶在"图表工具"栏中单击"设计"选项卡；❷在"图表布局"组单击"快速布局"按钮；❸在弹出的下拉列表中选择"布局 6"选项，如下图所示。

第5步：查看设置效果

此时，图表就会应用选中的布局样式"布局6"，如右图所示。

知识加油站

饼图也是常用的图表之一，主要用于展示数据系列的组成结构或部分在整体中的比例。

6.3.4 制作各部门员工人数分布图

员工在各部门的人数分布直接反映了各部门的人员配置情况，为企业人力资源配置和岗位调整提供重要依据。制作各部门员工人数分布图的具体操作如下。

第1步：插入条形图

在"各部门员工人数统计"工作表中，选中单元格区域 A2:B7，❶单击"插入"选项卡；❷单击"图表"组中的"插入柱形图或条形图"按钮；❸在弹出的下拉列表中选择"簇状条形图"选项，如下图所示。

第2步：查看条形图

此时，即可根据选中的源数据插入一个簇状条形图，如下图所示。

第3步：设置图表标题

将图表标题修改为"各部门员工人数分布图"，并设置标题字体格式，如下图所示。

第4步：设置纵向坐标轴格式

选中纵向坐标轴标题，单击鼠标右键，在弹出的快捷菜单中选择"设置坐标轴格式"选项，如下图所示。

第5步：勾选逆序类别

此时，在工作表的右侧出现"设置坐标轴格式"窗口，在"坐标轴选项"组中勾选"逆序类别"复选框，如下图所示。

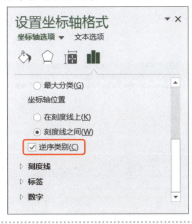

第6步：查看逆序效果

此时，即可查看到逆序效果，如下图所示。

第7步：设置横向坐标轴格式

选中横向坐标轴标题，单击鼠标右键，在弹出的快捷菜单中选择"设置坐标轴格式"选项，如下图所示。

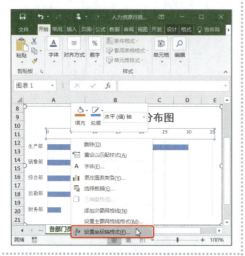

第8步：设置坐标轴数值

此时，在工作表的右侧出现"设置坐标轴格式"窗口，在"坐标轴选项"组中的"最大值"文本框中输入"30.0"，即可将图表的最大值调整为"30.0"，如下图所示。

第9步：设置形状填充

在图表中选中"生产部"系列，❶在"图表工具"栏中单击"格式"选项卡；❷在"形状样式"组中单击"形状填充"按钮；❸在弹出的下拉列表中选择"橙色"，如下图所示。

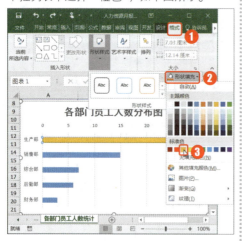

第10步：设置其他系列的形状填充

使用同样的方法，对其他部门的数据系列分别设置不同的形状填充颜色，如下图所示。

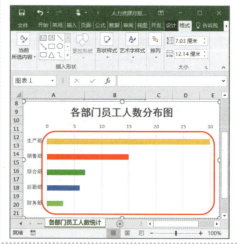

第 11 步：设置棱台效果

选中所有的数据系列，❶在"图表工具"栏中单击"格式"选项卡；❷在"形状样式"组中单击"形状效果"按钮；❸在弹出的下拉列表中选择"棱台→圆"选项，如下图所示。

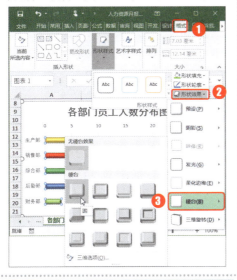

第 12 步：设置数据系列格式

选中所有的数据系列，单击鼠标右键，在弹出的快捷菜单中选择"设置数据系列格式"选项，如下图所示。

第 13 步：设置分类间距

此时，在工作表的右侧出现"设置数据系列格式"窗口，在"系列选项"组中的"分类间距"文本框中将百分比数值调整为"45%"，如下图所示。

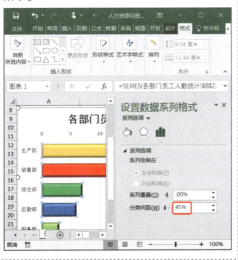

第 14 步：查看最终效果

此时，图表的条形就变粗了，最终效果如下图所示。

高手秘籍 实用操作技巧

通过对前面知识的学习，相信读者已经掌握了 Excel 2016 统计图表的制作和应用。下面结合本章内容，给大家介绍一些实用技巧。

配套文件

原始文件：素材文件\第 6 章\实用技巧\
结果文件：结果文件\第 6 章\实用技巧\
视频文件：教学文件\第 6 章\高手秘籍.mp4

扫码看微课

Skill 01　使用推荐的图表

Excel 2016 提供有"推荐的图表"功能，可以帮助用户创建合适的 Excel 图表。使用推荐的图表的具体操作如下。

第 1 步：执行推荐的图表命令

选中要生成图表的数据区域 A1:E4，❶单击"插入"选项卡；❷在"图表"组单击"推荐的图表"按钮，如下图所示。

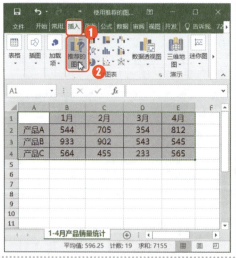

第 2 步：插入图表

弹出"插入图表"对话框，在对话框中给出了多种推荐的图表，用户根据需要选择即可，如下图所示。

第 6 章
Excel 2016 统计图表的应用

第 3 步：查看插入的图表
此时即可插入推荐的图表，如下图所示。

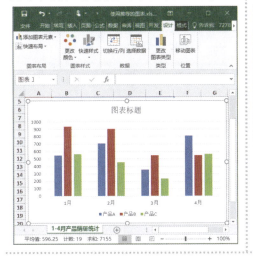

第 4 步：美化图表
根据需要美化图表，最终效果如下图所示。

Skill 02　快速分析图表

"快速分析"是 Excel 2016 推出的一款新功能，可以帮助用户快速统计和分析数据，并将数据转化成各种图表。接下来对销售数据进行"快速分析"，并创建统计图表，具体操作如下。

第 1 步：执行快速分析命令
选中要分析的单元格区域 B2:C13，此时在数据区域的右下角会出现一个"快速分析"按钮，单击该按钮，如下图所示。

第 2 步：设置快速分析选项
弹出"快速分析"界面，❶单击"格式"选项；❷选择"色阶"选项。

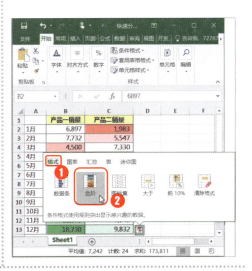

137

第3步：查看添加数据条后的效果

此时选中的数据区域就添加上了色阶，如下图所示。

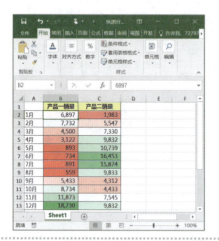

第4步：创建图表

选中要分析的单元格区域A1:C13，在"快速分析"界面中，❶单击"图表"复选框；❷选择一种合适的图表，例如选择"堆积面积图"选项，如下图所示。

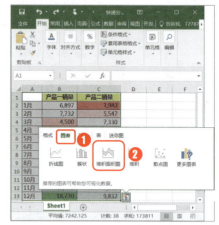

第5步：查看生成的图表

此时即可根据选中的数据区域生成一个堆积面积图，效果如下图所示。

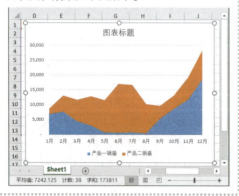

第6步：进行其他分析

除进行"格式、图表"分析外，还可以进行"汇总、表、迷你图"分析，此处不再赘述。

Skill 03 设置双轴图表

有时需要在同一个Excel图表中反映多组数据变化趋势，例如，要同时反映GDP和GDP增长率，但GDP数值往往远大于GDP增长率数值，当这两个数据系列出现在同一个组合图表中时，增长率的变化趋势由于数值太小而无法在图表中展现出来，这时可用双轴图表来解决这个问题。

设置双轴图表的具体操作如下。

第 1 步：插入簇状柱形图

打开素材文件，首先选中单元格区域 A2:C13，❶单击"插入"选项卡；❷在"图表"组中单击"插入柱形图或条形图"按钮；❸在弹出的下拉列表中选择"簇状柱形图"选项，如下图所示。

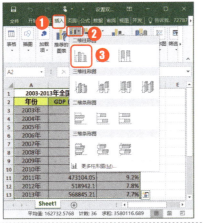

第 2 步：查看簇状柱形图

此时即可根据源数据创建一个簇状柱形图，如下图所示。

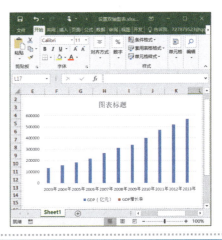

第 3 步：设置数据系列格式

在图例中，❶选中数据系列"GDP 增长率"，单击鼠标右键；❷在弹出的快捷菜单中选择"设置数据系列格式"选项，如下图所示。

第 4 步：设置次坐标轴

弹出"设置数据系列"对话框，在"系列选项"组中勾选"次坐标轴"单选框。

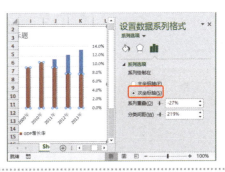

第 5 步：查看次坐标轴设置效果

此时即可为选中的数据系列添加次坐标轴，形成双轴复合图表，如右图所示。

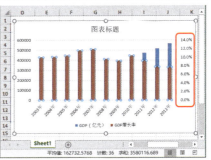

第 6 步：执行更改系列图表类型命令

选中数据系列"GDP 增长率",单击鼠标右键,在弹出的下拉列表中选择"更改系列图表类型"选项,如右图所示。

第 7 步：更改系列图表类型

弹出"更改图表类型"对话框,❶在"GDP 增长率"下拉列表中选择"折线图"选项;❷单击"确定"按钮。

第 8 步：查看最终效果

此时,选中数据系列"GDP 增长率"的图表类型就变成了折线,为图表添加标题"2003-2013年全国内生产总值及增长率",最终效果如下图所示。

本章小结

　　本章结合实例主要讲述了统计图表的制作和应用,主要包括利用柱形图分析员工考评成绩、创建销售情况统计图和制作人力资源月报等内容。通过对本章的学习,读者应学会统计图表的制作和美化方法。使用这些图表功能可以更直观地展现数据。

第 7 章

Excel 2016 数据透视表与透视图的应用

Excel 提供了功能强大的数据透视表与透视图功能,通过这些功能可以快速从成千上万条的数据中生成汇总数据或图表。本章主要介绍 Excel 2016 数据透视表与透视图的制作方法和实际应用。

- ⇨ 创建数据透视表
- ⇨ 设置数据透视表字段
- ⇨ 更改数据透视表的报表布局
- ⇨ 美化数据透视表
- ⇨ 按部门分析产品销售情况
- ⇨ 按月份分析各产品平均销售额
- ⇨ 使用切片器和日程表分析数据图表

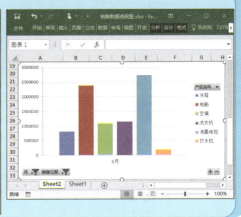

实战应用　跟着案例学操作

7.1 生成订单统计透视表

订单统计表是记录客户订购信息的主要表单，每月往往会有成百上千的数据记录。使用 Excel 的数据透视表功能，可以根据基础表中的字段直接生成汇总表。本节主要介绍数据透视表的创建方法、数据透视表字段的设置技巧，以及数据透视表布局的更改方法。

订单统计透视表的最终效果如下图所示。

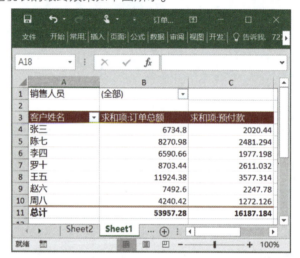

配套文件

原始文件：素材文件\第 7 章\订单统计透视表.xlsx
结果文件：结果文件\第 7 章\订单统计透视表.xlsx
视频文件：教学文件\第 7 章\生成订单统计透视表.mp4

扫码看微课

7.1.1 创建数据透视表

Excel 提供了"数据透视表"功能，可以从大量的基础数据中快速生成分类汇总表。创建数据透视表的具体操作如下。

第7章
Excel 2016 数据透视表与透视图的应用

第1步：执行插入数据透视表命令

打开本实例的素材文件，将鼠标光标定位在数据区域的任意一个单元格中，❶单击"插入"选项卡；❷单击"表格"组中的"数据透视表"按钮，如下图所示。

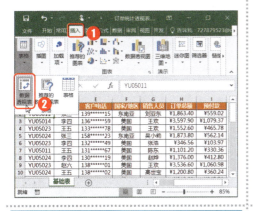

第2步：创建数据透视表

弹出"创建数据透视表"对话框，❶此时在"表/区域"文本框中显示当前表格的数据区域"基础表!$A$1:$I$35"；❷勾选"新工作表"单选框；❸单击"确定"按钮。

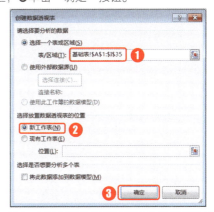

第3步：生成数据透视表框架

此时，系统会自动在新的工作表中创建一个数据透视表的基本框架。

> **知识加油站**
>
> 在"创建数据透视表"对话框中，勾选"现有工作表"单选框，然后设置工作表位置，即可将数据透视表的位置设置到当前工作表中。

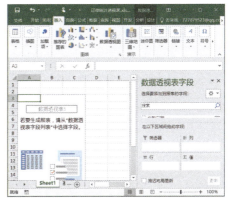

7.1.2 设置数据透视表字段

插入数据透视表框架后，在弹出的"数据透视表字段"列表中可以根据需要拖曳选择相应的字段，来设置"筛选器、列、行和值"等选项；还可以设置值字段的显示方式。

1. 拖选字段

拖选字段的具体操作如下。

143

第 1 步：设置字段

在"数据透视表字段"窗口中，❶将"销售人员"复选框拖曳到"筛选器"组合框中；❷将"客户姓名"复选框拖曳到"行"组合框中；❸将"订单总额"和"预付款"复选框拖曳到"值"组合框中。

第 2 步：查看数据透视表

此时，即可根据选中的字段生成数据透视表，如下图所示。

2. 显示数据来源

默认情况下，数据透视表中的数据是汇总数据，用户在汇总数据上双击鼠标左键，即可显示明细数据，具体操作如下。

第 1 步：双击汇总数据

在数据透视表中，双击单元格 B7，如下图所示。

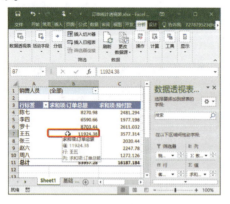

第 2 步：查看数据明细表

此时，即可根据选中的汇总数据生成新的数据明细表，如下图所示。

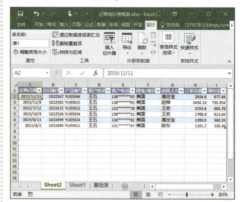

3. 使用筛选器筛选数据

如果在筛选器中设置了字段，就可以根据设置的筛选字段快速筛选数据。例如，筛选销售人员"陈东"经手的订单的汇总数据，具体操作如下。

第1步：单击筛选按钮

在数据透视表中，单击筛选字段所在的单元格 B1 右侧的下拉列表，在弹出的下拉列表中勾选"选择多项"复选框，如下图所示。

第2步：勾选筛选项

❶取消勾选"全部"复选框；❷选中"陈东"复选框；❸单击"确定"按钮，如下图所示。

第3步：查看筛选结果

此时即可筛选出销售人员"陈东"经手的订单的汇总数据，并在单元格 B1 的右侧出现一个筛选按钮，如下图所示。

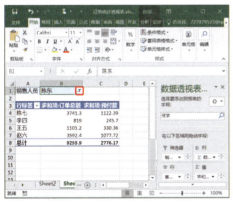

第4步：选中全部筛选项

如果要恢复全部汇总数据，❶单击筛选字段所在的单元格 B1 右侧的下拉按钮；❷在弹出的下拉列表中勾选"全部"复选框；❸单击"确定"按钮即可，如下图所示。

4．调整数据顺序

生成数据透视表以后，如果用户对数据顺序不满意，可以根据需要调整数据顺序，具体操作如下。

第1步：执行移动命令

在数据透视表中，❶选中单元格A8；❷单击鼠标右键，在弹出的快捷菜单中选择"移动→将'张三'移动至开头"命令，如下图所示。

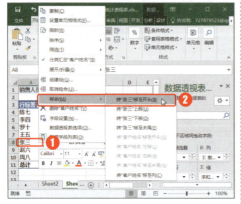

第2步：查看移动结果

此时，即可将客户"张三"的汇总数据移动到开头，如下图所示。

5. 修改数字格式

数据透视表中的数字格式有多种，包括求和、计数、平均值等。接下来将"订单总额"的数字格式设置为计数，具体操作如下。

第1步：执行值字段设置命令

在数据透视表中，❶选中"订单总额"列中的单元格B10；❷单击鼠标右键，在弹出的快捷菜单中选择"值字段设置"选项，如下图所示。

第2步：设置计数

弹出"值字段设置"对话框，❶在"计算类型"列表框中选择"计数"选项；❷单击"确定"按钮，如下图所示。

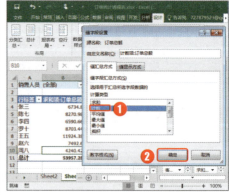

第3步：查看设置结果

此时"订单总额"的数字格式就显示为计数格式，如下图所示。

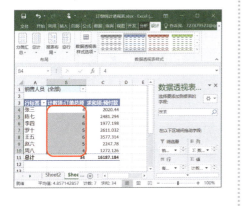

第4步：恢复求和设置

再次打开"值字段设置"对话框，❶在"计算类型"列表框中选择"求和"选项；❷单击"确定"按钮，即可将汇总数据恢复为求和状态，如下图所示。

7.1.3 更改数据透视表的报表布局

默认情况下，数据透视表的报表布局是以压缩方式显示的。将数据都压缩在左边，看数据时不方便，此时用户可以根据需要更改数据透视表的报表布局，将其设置为"以大纲形式显示、以表格形式显示、重复所有项目标签、不重复项目标签"等，具体操作如下。

第1步：以大纲形式显示报表布局

将鼠标光标定位在数据透视表中，❶在"数据透视表工具"栏中，单击"设计"选项卡；❷在"布局"组中单击"报表布局"按钮；❸在弹出的下拉列表中选择"以大纲形式显示"选项，如下图所示。

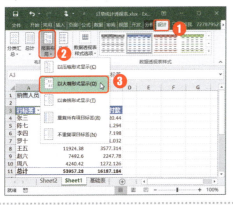

第2步：查看设置效果

此时，数据透视表的报表格式就显示为大纲形式，如下图所示。

第3步：以表格形式显示报表布局

将鼠标光标定位在数据透视表中，❶在"数据透视表工具"栏中，单击"设计"选项卡；❷在"布局"组中单击"报表布局"按钮；❸在弹出的下拉列表中选择"以表格形式显示"选项，如下图所示。

第4步：查看设置效果

此时，数据透视表就会以表格形式显示数据，并在表格中自动添加框线，如下图所示。

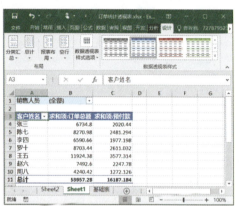

7.1.4 美化数据透视表

数据透视表创建完成后，用户可以直接应用数据透视表样式，快速美化数据透视表，具体操作如下。

第1步：执行数据透视表样式命令

将鼠标光标定位在数据透视表中，❶在"数据透视表工具"栏中，单击"设计"选项卡；❷在"数据透视表样式"组中单击"其他"按钮，如下图所示。

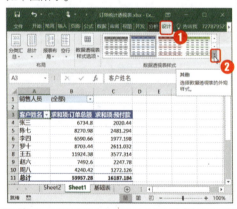

第2步：选择数据透视表样式

在弹出的下拉列表中选择"数据透视表样式中等深浅3"选项，如下图所示。

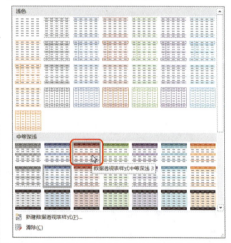

第 3 步：查看设置效果

此时，数据透视表就会应用选中的"数据透视表样式中等深浅 3"，如右图所示。

> **知识加油站**
>
> Excel 2016 提供了数 10 种数据透视表样式，包括浅色、中等深浅和深色等多种类型，用户可以根据需要或个人爱好进行选择。

7.2 应用数据透视图表分析产品销售情况

Excel 提供了数据透视图功能，它不仅能够直观地反映数据的对比关系，而且具有很强的数据筛选和汇总功能。下面使用 Excel 的数据透视图功能制作销售数据透视图表，分析产品销售情况。

"销售数据透视图表"制作完成后的效果如下图所示。

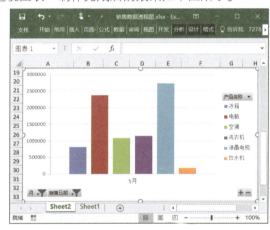

> **配套文件**
>
> 原始文件：素材文件\第 7 章\销售数据透视图.xlsx
> 结果文件：结果文件\第 7 章\销售数据透视图.xlsx
> 视频文件：教学文件\第 7 章\应用数据透视图表分析产品销售情况.mp4

扫码看微课

7.2.1 按部门分析产品销售情况

本节根据销售数据创建数据透视图，按销售区域对销售数据进行统计和分析。

1. 创建数据透视图

创建数据透视图的具体操作如下。

第1步：执行插入数据透视图命令

打开本实例的素材文件，将鼠标光标定位在数据区域内的任意一个单元格中，❶单击"插入"选项卡；❷单击"图表"组中的"数据透视图"按钮；❸在弹出的下拉列表中选择"数据透视图"选项，如下图所示。

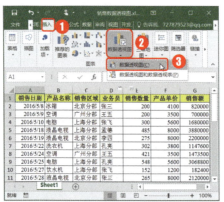

第2步：创建数据透视图

弹出"创建数据透视图"对话框，直接单击"确定"按钮。

第3步：查看数据透视图表框架

此时，系统会自动在新的工作表中创建一个数据透视表和数据透视图的基本框架，并弹出"数据透视表字段"窗口。

第4步：设置字段

在"数据透视表字段"窗口中，❶将"销售区域"复选框拖曳到"轴（类别）"组合框中；❷将"销售数量"和"销售额"复选框拖曳到"值"列表框中。

第 5 步：查看数据透视表

此时即可根据选中的字段生成数据透视表，如下图所示。

第 6 步：查看数据透视图

同时，根据选中的字段生成数据透视图，如下图所示。

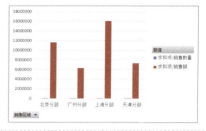

2．设置双轴图表

如果图表中有两个数据系列，为了让图表更清晰地展现数据，可以设置双轴图表，具体操作如下。

第 1 步：执行更改系列图表类型命令

选中任意一个图表系列，单击鼠标右键，在弹出的快捷菜单中选择"更改系列图表类型"命令。

第 2 步：更改系列图表类型

弹出"更改图表类型"对话框，❶在"求和项：销售数量"下拉列表中选择"折线图"选项；❷直接单击"确定"按钮。

第 3 步：执行设置数据系列格式命令

此时，图表系列"求和项：销售数量"就变成了折线，选中折线，单击鼠标右键，在弹出的快捷菜单中选择"设置数据系列格式"命令。

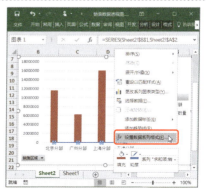

151

第 4 步：添加次坐标轴

在工作表的右侧弹出"设置数据系列格式"窗口，选中"次坐标轴"单选框，此时即可将次坐标轴添加到图表中。

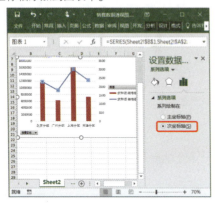

第 5 步：设置填充线条

在"设置数据系列格式"窗口，❶单击"填充线条"选项卡；❷选中"平滑线"复选框。

第 6 步：查看设置效果

此时，折线图就变得非常平滑。操作到这里，双轴图表就设置完成了，如下图所示。

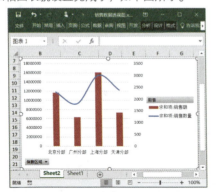

第 7 步：执行设置坐标轴格式命令

选中主坐标轴，单击鼠标右键，在弹出的快捷菜单中选择"设置坐标轴格式"命令。

第 8 步：设置刻度线标记

在工作表的右侧弹出"设置坐标轴格式"窗口，在"刻度线"组中的"主要类型"下拉列表中选择"外部"选项。

第 9 步：设置填充线条

在"设置坐标轴格式"窗口，❶单击"填充线条"选项卡；❷在"线条"组中选中"实线"单选框。

第 10 步：查看主坐标轴设置效果

设置完成后，主坐标轴设置效果如下图所示。

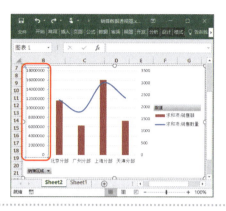

第 11 步：设置次坐标轴

使用同样的方法设置次坐标轴，设置效果如右图所示。

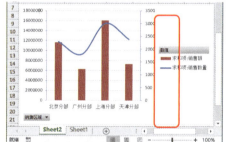

知识加油站

在"设置坐标轴格式"窗口，单击"填充线条"选项卡，单击"填充"选钮，在弹出的下拉列表中选择"颜色"选项，即可设置线条或刻度线的颜色。

3. 分析产品销售情况

接下来在图表中筛选和分析不同销售区域的产品销售情况，此外，还可以使用筛选器功能，筛选某个产品在不同销售区域的销售情况，具体操作如下。

第 1 步：打开字段列表

在"数据透视图工具"栏中，❶单击"分析"选项卡；❷在"显示/隐藏"组中单击"字段列表"按钮。

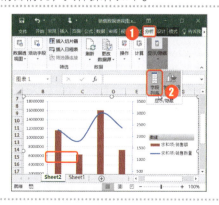

第 2 步：拖选字段

弹出"数据透视图字段"窗口，将"产品名称"复选框拖曳到"筛选器"组合框中。

第 3 步：查看添加的筛选按钮

此时，即可在图表的左上方生成一个筛选按钮，如下图所示。

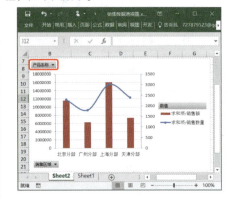

第 4 步：筛选销售区域

❶单击左下角的"销售区域"按钮；❷在弹出的列表中选择"北京分部"和"广州分部"选项；❸单击"确定"按钮。

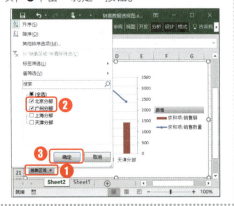

第 5 步：查看筛选结果

此时，即可在图表中筛选出"北京分部"和"广州分部"两个销售区域所有产品的销售情况。

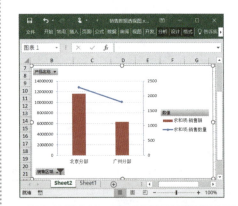

第 6 步：取消筛选

再次单击"销售区域"按钮，❶选中"全选"复选框；❷单击"确定"按钮即可取消筛选。

第7章 Excel 2016 数据透视表与透视图的应用

第7步：筛选冰箱和电脑销售情况

单击"产品名称"按钮，❶在弹出的列表中选中"选择多项"复选框；❷选择"冰箱"和"电脑"选项；❸单击"确定"按钮。

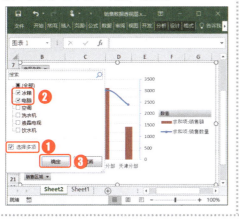

第8步：查看图表变化

此时，即可在"产品名称"按钮右侧生成一个筛选按钮，并根据各分部"冰箱"和"电脑"的销售情况生成新的图表。

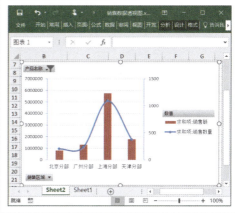

7.2.2 按月份分析各产品平均销售额

在数据透视表图中，如果将"日期"字段添加到"轴（类别）"组合框中自动出现一个"月"字段，按照月份显示数据。接下来使用"日期"字段分析各种产品的平均销售额，具体操作如下。

第1步：重新设置字段

打开"数据透视图字段"窗口，重新设置字段，❶将"销售日期"复选框拖曳到"轴（类别）"组合框中，此时在"轴（类别）"组合框中自动出现一个"月"字段；❷将"产品名称"复选框拖曳到"图例（系列）"组合框中；❸将"销售额"复选框拖曳到"值"组合框中。

第2步：查看数据透视表

此时，即可根据选择的字段生成数据透视表和数据透视图，并按照月份显示各产品销售额合计，如下图所示。

155

第3步：执行值字段设置命令

打开"数据透视图字段"窗口，❶单击"值"列表中的"求和项：销售额"选项；❷在弹出的列表中选择"值字段设置"选项。

第4步：设置值字段

弹出"值字段设置"对话框，❶在"计算类型"列表中选择"平均值"选项；❷单击"确定"按钮。

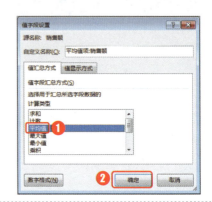

第5步：查看数值变化

此时数据透视表中的数据就显示为平均值，如下图所示。

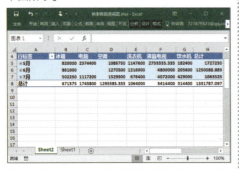

第6步：查看数据透视图

操作到这里，即可生成数据透视图，按月份显示各种产品的平均销售额，如下图所示。

7.2.3 创建综合分析数据透视图

Excel 2016 还提供有"切片器"和"日程表"功能，可以更直观地展现数据。本节主要介绍如何使用"切片器"和"日程表"综合分析数据透视图。

1．插入切片器

下面在数据透视表中插入切片器，按照业务员筛选销售数据，并动态地展示数据透视图，具体操作如下。

第1步：执行插入切片器命令

在"数据透视表工具"栏中，❶单击"分析"选项卡；❷在"筛选"组中单击"插入切片器"按钮，如下图所示。

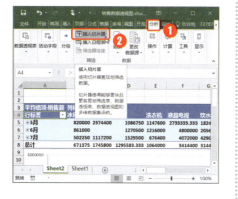

第2步：设置切片器

弹出"插入切片器"对话框，❶选中"业务员"复选框；❷单击"确定"按钮。

第3步：查看插入的切片器

此时即可创建一个名为"业务员"的切片器。切片器中显示了所有业务员的姓名，如下图所示。

第4步：选择筛选选项

在切片器中，选中业务员"李四"，此时即可在数据透视表中筛选出与业务员"李四"有关的数据信息，如下图所示。

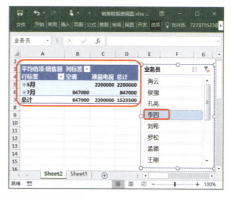

第5步：查看数据透视图的变化

此时，数据透视图中只显示与业务员"李四"有关的数据系列，效果如右图所示。

第6步：清除筛选

如果要删除切片器的筛选，直接单击切片器中的"清除筛选器"按钮即可，如右图所示。

2. 插入日程表

下面在数据透视表中插入日程表，按照不同月份筛选销售数据，并动态地显示数据透视图，具体操作如下。

第1步：插入日程表

在"数据透视表工具"栏中，❶单击"分析"选项卡；❷在"筛选"组中单击"插入日程表"按钮，如下图所示。

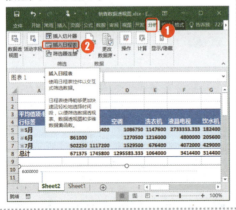

第2步：设置日程表

弹出"插入日程表"对话框，❶选中"销售日期"复选框；❷单击"确定"按钮。

第3步：查看插入的日程表

此时即可在工作表中插入一个名为"销售日期"的日程表，拖曳鼠标光标即可查看各月份的日程，如右图所示。

158

第 4 步：查看数据透视图的变化

拖曳日程表的同时，数据透视图也会动态地显示不同月份的销售数据，如右图所示。

知识加油站

Excel 2010 及其以上版本都带有"切片器"功能。该功能在进行数据分析时，能够非常直观地进行数据筛选，并将筛选数据展示给观众。"切片器"其实是"数据透视表"和"数据透视图"的拓展，与后者相比，"切片器"的操作更便捷，演示也更直观。

高手秘籍　实用操作技巧

通过对前面知识的学习，相信读者已经掌握了 Excel 2016 数据透视表与透视图的应用。下面结合本章内容，给大家介绍一些实用技巧。

配套文件
原始文件：素材文件\第 7 章\实用技巧\
结果文件：结果文件\第 7 章\实用技巧\
视频文件：教学文件\第 7 章\高手秘籍.mp4

扫码看微课

Skill 01　一键调出明细数据

Excel 数据透视表中的数据通常是汇总数据，操作鼠标双击汇总数据即可要查看汇总数据背后的明细数据，具体操作步骤如下。

第 1 步：双击汇总数据

打开素材文件，操作鼠标双击数据透视表中的任意汇总数据，如右图所示。

第2步：查看明细数据

此时生成一个明细表，从明细表中可筛选出与汇总数据相关的明细数据，如右图所示。

Skill 02　使用分组功能按月显示汇总数据

大多数企业都是按照月份、季度或者年份来统计和分析相关数据的。基于这种需求，Excel提供了"创建组"功能，可以直接从日期中提取月份、季度或者年份相关数据，具体操作如下。

第1步：执行快速分析命令

打开素材文件，在透视表的日期字段中选中任意日期，单击鼠标右键，在弹出的快捷菜单中选择"创建组"菜单项，如下图所示。

第2步：设置快速分析选项

弹出"组合"对话框，❶在"步长"列表中选择"月"选项；❷单击"确定"按钮。

第3步：查看添加数据条后的效果

此时选中的数据区域就添加了数据条，如右图所示。

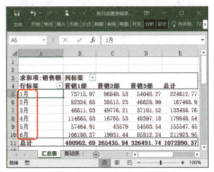

知识加油站

日期字段是汇总表中的一个基本字段，但是一般情况下，不提倡直接采用天数来汇总数据，当然快递行业和生产型数据除外。在日常经营管理中，多使用年度、季节或月份等时间段进行数据统计。

Skill 03　刷新数据透视表

汇总表是由基础表"变"出来的，如果基础表中的数据发生了变化，汇总表中的数据不会马上发生变化，需要我们执行"刷新"命令，通过刷新基础表中的源数据，获取最新的汇总数据。刷新数据透视表的具体操作如下。

第 1 步：执行全部筛选命令

打开素材文件，❶在"数据透视表工具"栏中，单击"分析"选项卡；❷在"数据"组中单击"刷新"按钮；❸在弹出的下拉列表中选择"全部刷新"选项，如下图所示。

第 2 步：查看刷新结果

此时，即可根据基础表刷新数据透视表，如下图所示。

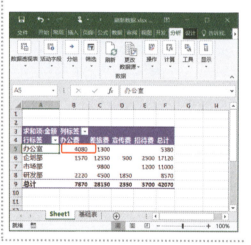

本章小结

本章结合实例主要讲述了 Excel 2016 数据透视表与透视图的应用，通过数据透视功能直接从基础表格中提取汇总数据，生成汇总表或汇总图，大大提高工作效率。通过对本章的学习，读者应掌握制作数据透视表和数据透视图的基本操作，学会从大量的数据中提取或筛选汇总数据，学会制作数据透视图表。

第 8 章

Excel 2016 数据的模拟运算与预决算分析

本章导读

本章学习如何通过合并计算功能汇总计算公司各分部的销售数据；通过单变量求解功能预测月度销售收入；通过模拟运算表功能制作产品利润预测表；根据单价和销量预测产品利润；通过方案管理器功能预测产品的保本销量。

知识要点

- 使用工作组创建表格
- 合并计算产品销售额
- 预测月度销售收入
- 根据单价预测产品利润
- 根据单价和销量预测产品利润
- 创建方案
- 显示和修改方案
- 生成方案摘要

案例展示

实战应用 跟着案例学操作

8.1 合并计算不同分部的销售数据

Excel 2016 提供了合并计算功能。合并计算功能通常用于对多个工作表中的数据进行计算汇总，并将多个工作表中的数据合并到一个工作表中。

合并计算的最终效果如下图所示。

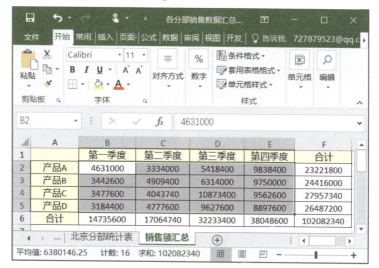

配套文件

原始文件：素材文件\第 8 章\各分部销售数据汇总.xlsx
结果文件：结果文件\第 8 章\各分部销售数据汇总.xlsx
视频文件：教学文件\第 8 章\合并计算不同分部的销售数据.mp4

扫码看微课

8.1.1 使用工作组创建表格

对销售数据进行合并计算前，首先需要创建销售统计表。Excel 提供了工作表组的功能，使用这个功能可以批量创建多个格式相同、内容相同的表格。使用工作组创建表格的具体操作如下。

第 1 步：创建工作簿和工作表

打开本实例的素材文件,创建一个名为"各分部销售数据汇总"的工作簿,然后创建 3 个工作表,分别命名为"上海分部统计表、北京分部统计表、销售额汇总",如下图所示。

第 2 步：选定全部工作表

❶在任意一个工作表标签上单击鼠标右键;❷在弹出的快捷菜单中选择"选定全部工作表"选项,如下图所示。

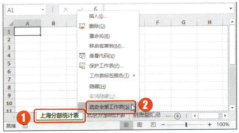

第 3 步：组成工作组

此时,选定的 3 个工作表就组成了工作表组,并在标题栏中显示"[工作组]",如下图所示。

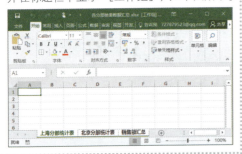

第 4 步：输入基本项目

在工作组状态下,在任意一个工作表中输入基本项目,如下图所示。

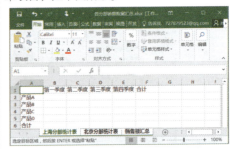

第 5 步：执行对话框启动器命令

选择单元格区域 A1:F6,❶单击"开始"选项卡;❷在"对齐方式"工具组中单击"对话框启动器"按钮,如下图所示。

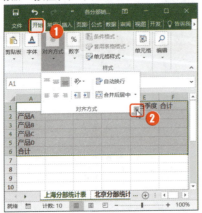

第 6 步：设置边框

弹出"设置单元格格式"对话框,切换到"边框"选项卡,❶在"样式"列表框中选择"细实线";❷在预置组框中单击"外边框"和"内部"按钮;❸设置完毕,单击"确定"按钮,如下图所示。

第 8 章
Excel 2016 数据的模拟运算与预决算分析

第 7 步：查看边框设置效果

返回工作表，此时选中的单元格区域就添加了边框，如下图所示。

第 8 步：设置底纹颜色

选择单元格区域 A1:A6 和 B1:F1，❶单击"开始"选项卡；❷在"字体"工具组中单击"填充颜色"按钮；❸在弹出的下拉列表中选择"其他颜色"选项，如下图所示。

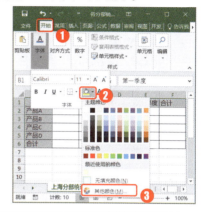

第 9 步：选择颜色

弹出"颜色"对话框，切换到"标准"选项卡，❶在下方的色块中选择一种合适的颜色，这里选择淡黄色；❷单击"确定"按钮，如下图所示。

第 10 步：查看颜色设置效果

此时，选中的单元格区域就添加了淡黄色底纹，效果如下图所示。

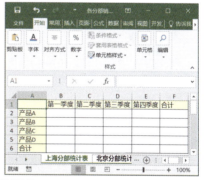

第 11 步：按产品类别求和

选择 F2 单元格，❶单击"开始"选项卡；❷在"编辑"工具组中单击"自动求和"按钮，如右图所示。

第12步：选择求和区域

此时，F2 单元格中就会显示求和公式，然后选择求和区域"B2:E2"，如下图所示。

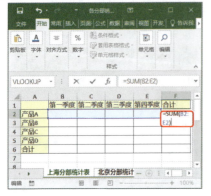

第13步：填充求和公式

按下"Enter"键确认公式，然后将公式填充到本列的其他单元格，如下图所示。

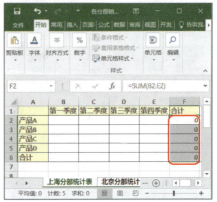

第14步：按季度求和

使用同样的方法，选中 B6 单元格，设置求和公式，然后将其填充到本行的其他单元格中，如下图所示。

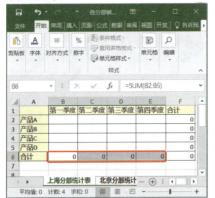

第15步：执行取消组合工作表命令

❶在任意一个工作表标签上单击鼠标右键；❷在弹出的快捷菜单中选择"取消组合工作表"选项，如下图所示。

第16步：查看取消工作组效果

此时即可取消工作表组合，如右图所示。

第8章
Excel 2016 数据的模拟运算与预决算分析

第17步：输入上海分部的销售数据

❶单击工作表"上海分部统计表"，即可取消工作组合；❷然后在单元格区域 B2:E5 中输入销售数据，即可自动计算出"合计"，如下图所示。

第18步：输入北京分部的销售数据

❶单击工作表"北京分部统计表"，即可取消工作组合；❷然后在单元格区域 B2:E5 中输入销售数据，即可自动计算出"合计"，如下图所示。

8.1.2 合并计算产品销售额

接下来在销售额汇总表中，使用 Excel 的合并计算功能汇总两个分部的销售额，具体操作如下。

第1步：执行合并计算命令

切换到"销售额汇总"工作表，选中 B2 单元格，❶单击"数据"选项卡；❷单击"数据工具"工具组中的"合并计算"按钮，如下图所示。

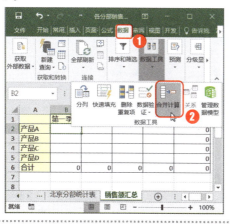

第2步：设置函数类别

弹出"合并计算"对话框，❶在"函数"下拉列表中选择"求和"选项；❷单击引用位置文本框右侧的"折叠"按钮，如下图所示。

167

第3步：设置引用区域

弹出"合并计算-引用位置："对话框，❶在工作表"上海分部统计表"中选择单元格区域B2:E5；❷然后单击引用位置文本框右侧的"展开"按钮，如下图所示。

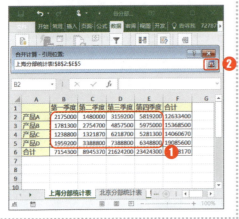

第4步：添加引用位置

返回"合并计算"对话框，❶单击"添加"按钮；❷再次单击引用位置文本框右侧的"折叠"按钮，如下图所示。

第5步：设置引用区域

弹出"合并计算-引用位置："对话框，❶在工作表"北京分部统计表"中选择单元格区域B2:E5；❷单击引用位置文本框右侧的"展开"按钮，如下图所示。

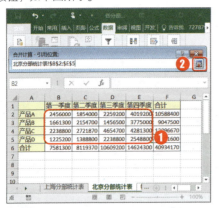

第6步：添加引用位置

返回"合并计算"对话框，❶单击"添加"按钮；❷单击"确定"按钮，如下图所示。

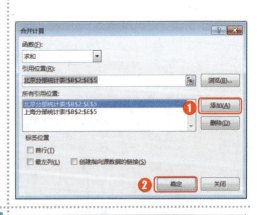

第7步：查看计算结果

此时，工作表"销售额汇总"中的单元表格区域B2:E5就对工作表"北京分部统计表"和工作表"上海分部统计表"中的单元表格区域B2:E5进行了合并计算，如右图所示。

知识加油站

Excel 中若要汇总和报告多个单独工作表，可以将单个工作表中的数据合并计算到一个主工作表中。如果需要合并的工作表不多，可以用"合并计算"命令来进行。通常情况下，这些用来合并计算的工作表中包含一些类似的数据，每个区域的数据不同，但包含有一些相同的行标题和列标题。这些工作表可以与主工作表在同一个工作簿中，也可以位于其他工作簿中。对数据进行合并计算就是组合数据，以便能够更容易地对数据进行定期或不定期的更新和汇总。

8.2 预测月度销售收入

单变量求解是解决假定一个公式要取某一结果值，其中变量的引用单元格应取值多少的问题。在 Excel 中根据所提供的目标值，将引用单元格的值不断调整，直至达到所要求的公式的目标值时，变量的值才能确定。接下来在月度损益表中使用 Excel 的单变量求解功能，预测本月的销售收入达到多少时，本月净利润为 500 万元。

月度销售收入的预测结果如下图所示。

配套文件
原始文件：素材文件\第 8 章\损益表.xlsx
结果文件：结果文件\第 8 章\损益表.xlsx
视频文件：教学文件\第 8 章\预测月度销售收入.mp4

扫码看微课

接下来在损益表中，使用 Excel 的单变量求解功能，根据净利润，预测月度销售收入，具体操作如下。

第 1 步：打开素材文件

打开本实例的素材文件，即可看到本月损益表的数据，如下图所示。

第 2 步：执行显示公式命令

❶单击"公式"选项卡；❷在"公式审核"工具组中单击"显示公式"按钮，如下图所示。

第 3 步：查看计算公式

此时，即可看到损益表中各项目的计算公式，如下图所示。

第 4 步：取消显示公式

在"公式审核"工具组中，再次单击"显示公式"按钮，即可取消公式显示，如下图所示。

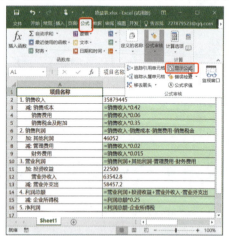

第 8 章
Excel 2016 数据的模拟运算与预决算分析

第 5 步：执行单变量求解命令

❶单击"数据"选项卡；❷在"预测"工具组中单击"模拟分析"按钮；❸在弹出的下拉列表中选择"单变量求解"选项，如下图所示。

第 6 步：设置求解项目

弹出"单变量求解"对话框，❶将"目标单元格"设置为"$B$16"；将"目标值"设置为"5000000"；在行标签上的任意一个日期上单击鼠标右键，将"可变单元格"设置为"$B$2"；❷单击"确定"按钮，如下图所示。

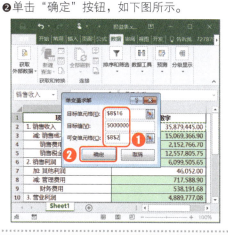

第 7 步：确认设置

弹出"单变量求解状态"对话框，单击"确定"按钮，如下图所示。

第 8 步：查看求解结果

返回工作表，此时即可计算出当本月销售收入达到 48837252.35 元时，就可实现本月净利润为 500 万元的目标，如下图所示。

8.3 制作产品利润预测表

模拟运算表是一种只需一步操作就能计算出所有变化的模拟分析工具，它可以显示在一个或多个公式中替换不同值时的结果。模拟运算表主要包括单变量模拟运算表和双变量模拟运算表。本节通过单变量求解功能预测月度销售收入；通过模拟运算表

171

功能制作产品利润预测表，根据单价和销量预测产品利润。

产品利润预测表制作完成后的效果如下图所示。

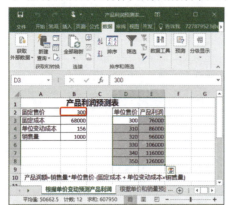 

配套文件

原始文件：素材文件\第 8 章\产品利润预测表.xlsx
结果文件：结果文件\第 8 章\产品利润预测表.xlsx
视频文件：教学文件\第 8 章\制作产品利润预测表.mp4

扫码看微课

8.3.1 根据单价预测产品利润

单变量模拟运算表是在工作表中输入一个变量的多个不同值，分析这些不同变量值对一个或多个公式计算结果的影响。在对数据进行分析时，既可使用面向列的模拟运算表，也可使用面向行的模拟运算表。下面根据单价的变动，预测产品利润的变化。

第 1 步：打开素材文件

打开本实例的素材文件，切换到"根据单价变动预测产品利润"工作表，此时，即可看到产品的售价、固定成本、单位变动成本、销售量等信息，如下图所示。

第 2 步：输入公式

根据公式"产品润额=销售量*单位售价-(固定成本＋单位变动成本×销售量)"，选中 E3 单元格，在其中输入公式"=B5*B2-(B3+B4*B5)"，如下图所示。

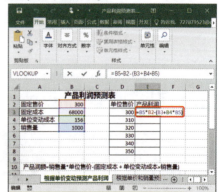

第 3 步：确认公式输入

按下"Enter"键，确认公式输入，此时即可计算出单价为 300 元时的产品利润，如下图所示。

第 4 步：执行模拟运算表命令

选中数据区域 D3:E8，❶单击"数据"选项卡；❷在"预测"工具组中单击"模拟分析"按钮；❸在弹出的下拉列表中选择"模拟运算表"选项，如下图所示。

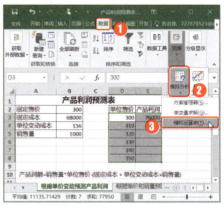

第 5 步：弹出模拟运算表对话框

弹出"模拟运算表"对话框，单击"输入引用列的单元格"文本框右侧的"折叠"按钮，如下图所示。

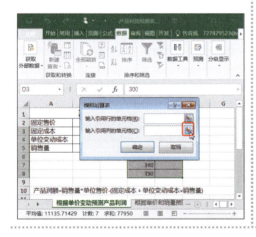

第 6 步：设置引用列的单元格

弹出"模拟运算表-输入引用列的单元格"对话框，❶在工作表中选中要引用的 B2 单元格；❷单击文本框右侧的"展开"按钮，如下图所示。

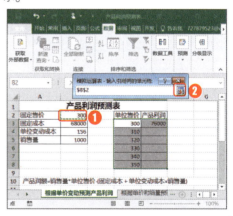

第7步：返回模拟运算表对话框

返回"模拟运算表"对话框，此时即可看到列引用的单元格 B2，然后单击"确定"按钮，如下图所示。

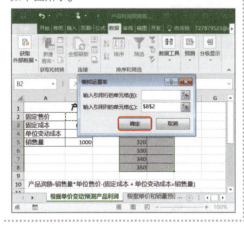

第8步：查看运算结果

此时，即可根据不同的单价，预测出不同的产品利润，如下图所示。

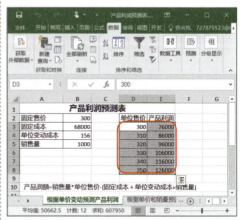

8.3.2 根据单价和销量预测产品利润

双变量模拟运算表是指当以不同的值替换公式中的两个变量时，这一过程中生成的用于显示其结果的数据表格。下面根据单价和销量的变化，预测产品利润的变化，具体操作如下。

第1步：打开素材文件

切换到工作表"根据单价和销量预测产品利润"，产品利润预测表的基本数据如下图所示。

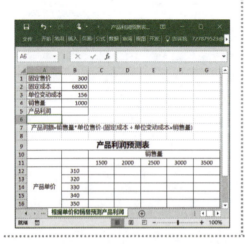

第2步：输入公式

根据公式"产品润额=销售量*单位售价-(固定成本＋单位变动成本×销售量)"，选中 B5 单元格，在其中输入公式"=B4*B1-(B2+B3*B4)"，如下图所示。

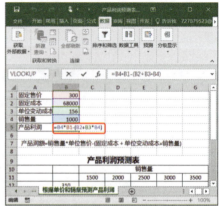

第 3 步:确认公式输入

按下"Enter"键,确认公式输入,此时即可计算出单价为 300 元,销量为 1000 件时的产品利润,如下图所示。

第 4 步:再次输入公式

选中单元格 B11,在其中输入公式"=B4*B1-(B2+B3*B4)",然后按下"Enter"键,如下图所示。

第 5 步:执行模拟运算表命令

选中数据区域 B11:G16,❶单击"数据"选项卡;❷在"预测"工具组中单击"模拟分析"按钮;❸在弹出的下拉列表中选择"模拟运算表"选项,如下图所示。

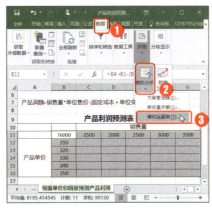

第 6 步:设置引用行的单元格

弹出"模拟运算表"对话框,单击"输入引用行的单元格"文本框右侧的"折叠"按钮,如下图所示。

第 7 步:设置引用行的单元格

弹出"模拟运算表-输入引用行的单元格"对话框,❶在工作表中选中要应用的 B4 单元格;❷单击文本框右侧的"展开"按钮,如右图所示。

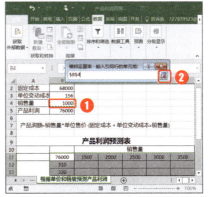

第8步：查看引用行的单元格

返回"模拟运算表"对话框，此时即可看到行引用的单元格 B4，然后单击"输入引用列的单元格"文本框右侧的"折叠"按钮，如下图所示。

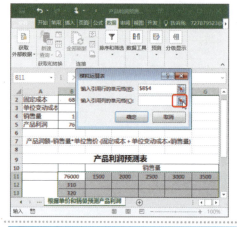

第9步：设置引用列的单元格

弹出"模拟运算表-输入引用列的单元格"对话框，❶在工作表中选中要应用的 B1 单元格；❷单击文本框右侧的"展开"按钮，如下图所示。

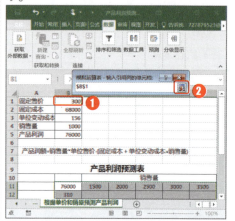

第10步：确认引用的单元格

返回"模拟运算表"对话框，此时即可看到列引用的单元格 B1，然后单击"确定"按钮，如下图所示。

第11步：查看运算结果

此时，即可根据不同的单价和销量，预测出产品利润，如下图所示。

8.4 预测产品的保本销量

方案是一组保存在 Excel 工作表中并可进行自动替换的值。用户可以使用方案来预测工作表模型的输出结果，还可以在工作表中创建并保存不同的数值组，然后切换到任何新方案以查看不同的结果。接下来使用 Excel 提供的方案管理器，根据产品单价、变动成本和固定成本的变化，预测产品的保本销量。

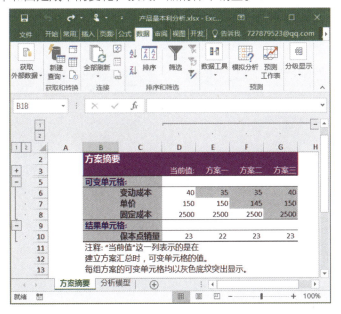

配套文件

原始文件：素材文件\第 8 章\产品量本利分析.xlsx
结果文件：结果文件\第 8 章\产品量本利分析.xlsx
视频文件：教学文件\第 8 章\预测产品的保本销量.mp4

扫码看微课

8.4.1 创建方案

要想进行方案分析，首先需要创建方案。下面介绍产品量本利分析的基本方案和其他三种方案。

例如，某企业产品量本利分析的基本方案和其他三种方案如下表所示。

单位：元

	基本方案	方案一	方案二	方案三
单价	140	140	145	150
变动成本	30	35	35	40
固定成本	3000	3000	3000	2500

创建方案的具体操作如下。

第 1 步：打开素材文件

打开本实例的素材文件，此时，即可看到产品的单价、变动成本、固定成本等信息，如下图所示。

第 2 步：定义单价

选择 B4 单元格，❶单击"公式"选项卡；❷在"定义的名称"工具组中单击"定义名称"按钮，如下图所示。

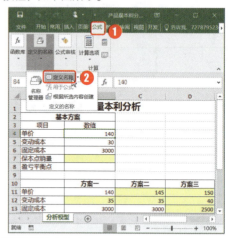

第 3 步：设置名称和引用位置

弹出"新建名称"对话框，❶将"名称"设置为"单价"；❷将"引用位置"设置为"=分析模型!$B$4"；❸单击"确定"按钮，如下图所示。

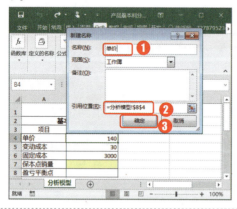

第 4 步：查看定义的名称

此时，B4 单元格就定义成了名称"单价"，如下图所示。

第 5 步：定义变动成本

使用同样的方法，将 B5 单元格定义为"变动成本"，如下图所示。

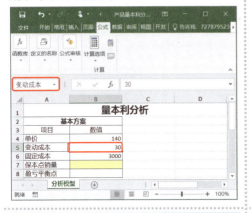

第 6 步：定义固定成本

使用同样的方法，将 B6 单元格定义为"固定成本"，如下图所示。

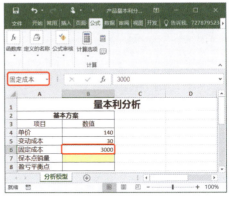

第 7 步：定义保本点销量

使用同样的方法，将 B7 单元格定义为"保本点销量"，如下图所示。

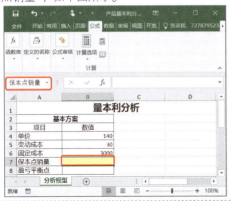

第 8 步：定义盈亏平衡点

使用同样的方法，将 B8 单元格定义为"盈亏平衡点"，如下图所示。

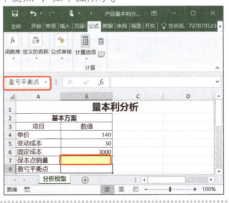

第 9 步：计算保本点销量

选中 B7 单元格，在其中输入公式"=固定成本/(单价-变动成本)"，如下图所示。

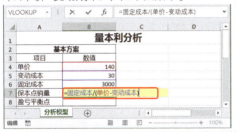

第 10 步：确认公式输入

按下"Enter"键，确认公式输入，此时即可计算出产品的保本点销量，如下图所示。

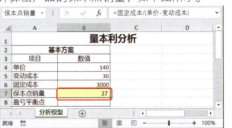

第 11 步：计算盈亏平衡点

选中 B8 单元格，在其中输入公式"=(单价-变动成本)*保本点销量-固定成本"，如下图所示。

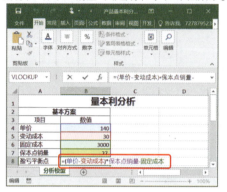

第 12 步：确认公式输入

按下"Enter"键，确认公式输入，此时即可计算出产品的盈亏平衡点，如下图所示。

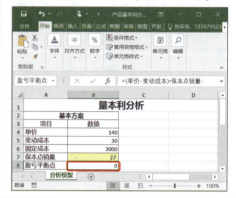

第 13 步：执行方案管理器命令

❶单击"数据"选项卡；❷在"预测"工具组中单击"模拟分析"按钮；❸在弹出的下拉列表中选择"方案管理器"选项，如下图所示。

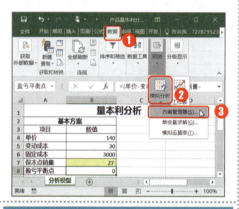

第 14 步：添加方案一

弹出"方案管理器"对话框，单击"添加"按钮，如下图所示。

第 15 步：编辑方案一

弹出"添加方案"对话框，❶将"方案名"设置为"方案一"；❷将"可变单元格"设置为"$B$5"；❸单击"确定"按钮，如右图所示。

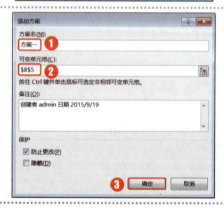

第 16 步：设置方案变量值

弹出"方案变量值"对话框，❶将"变动成本"的值设置为"35"；❷单击"确定"按钮，如下图所示。

第 17 步：添加方案二

返回"方案管理器"话框，单击"添加"按钮，如下图所示。

第 18 步：编辑方案二

弹出"编辑方案"对话框，❶将"方案名"设置为"方案二"，将"可变单元格"设置为"$B$4:$B$5"；❷单击"确定"按钮，如下图所示。

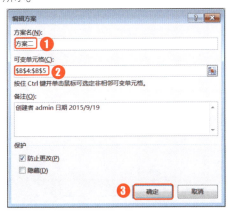

第 19 步：设置方案变量值

弹出"方案变量值"对话框，❶将"单价"的值设置为"145"；❷将"变动成本"的值设置为"35"；❸单击"确定"按钮，如下图所示。

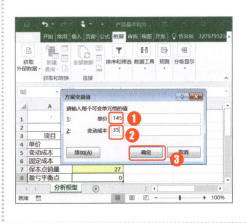

第 20 步：添加方案三

返回"方案管理器"话框，单击"添加"按钮，如下图所示。

第 21 步：编辑方案三

弹出"编辑方案"对话框，❶将"方案名"设置为"方案三"；❷将"可变单元格"设置为"$B$4:$B$6"；❸单击"确定"按钮，如下图所示。

第 22 步：设置方案变量值

弹出"方案变量值"对话框，❶将"单价"的值设置为"150"，将"变动成本"的值设置为"40"，将"固定成本"的值设置为"2500"；❷单击"确定"按钮，如下图所示。

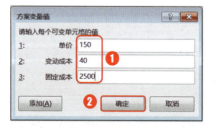

第 23 步：查看设置效果

返回"方案管理器"对话框，此时，三种方案就创建完成了，设置完成后，单击"关闭"按钮即可，如下图所示。

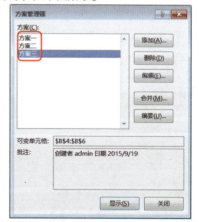

知识加油站

创建方案时，建议大家为可变单元格和所有希望检验结果的单元格定义名称。Excel 会在对话框和产生的报表中使用所定义的名称。定义名称后，使得报表更具可读性。

8.4.2 显示和修改方案

方案创建完成之后，可以在任何时候执行方案，查看不同的执行结果，也可以随时修改方案，显示和修改方案的具体操作如下。

第1步：显示方案一

打开"方案管理器"对话框，❶在"方案"列表框中选择"方案一"选项；❷然后单击"显示"按钮，如下图所示。

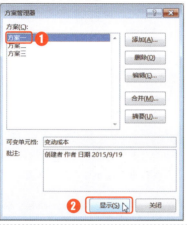

第2步：查看方案一的保本销量

此时，工作表中就会显示方案一的基本数据，并预测出保本点销量，如下图所示。

第3步：显示方案二

❶在"方案"列表框中选择"方案二"选项；❷然后单击"显示"按钮，如下图所示。

第4步：查看方案二的保本销量

此时，工作表中就会显示方案二的基本数据，并预测出保本点销量，如下图所示。

第5步：显示方案三

❶在"方案"列表框中选择"方案三"选项；
❷然后单击"显示"按钮，如下图所示。

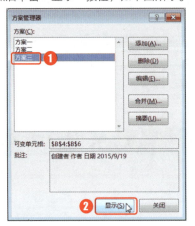

第6步：查看方案三的保本销量

此时，工作表中就会显示方案三的基本数据，并预测出保本点销量，如下图所示。

第7步：修改方案

如果要修改方案，在"方案管理器"对话框中，❶选择其中的任意一个方案；❷单击"编辑"按钮即可，如下图所示。

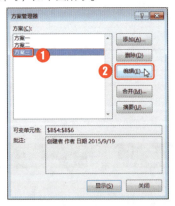

第8步：编辑方案

弹出"编辑方案"对话框，单击"编辑"按钮，此时，即可根据需要编辑相应的方案，如下图所示。

8.4.3　生成方案摘要

　　如果觉得查看方案时一个一个地切换不方便，还可以创建方案摘要。通过创建方案摘要生成方案总结报告，以显示各个方案的详细数据和结果。接下来生成方案摘要，并对三种方案下的保本点销量进行预测，具体操作如下。

第 8 章
Excel 2016 数据的模拟运算与预决算分析

第 1 步：执行方案管理器命令

❶单击"数据"选项卡；❷在"预测"工具组中单击"模拟分析"按钮；❸在弹出的下拉列表中选择"方案管理器"选项，如下图所示。

第 2 步：单击摘要按钮

弹出"方案管理器"对话框，单击"摘要"按钮，如下图所示。

第 3 步：设置结果单元格

弹出"方案摘要"对话框，❶勾选"方案摘要"单选框；❷将"结果单元格"设置为"B7"；❸然后单击"确定"按钮，如下图所示。

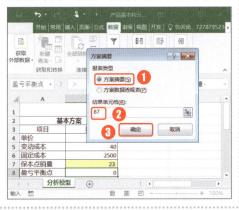

第 4 步：查看方案摘要

此时，即可生成一个名为"方案摘要"的工作表，并计算出了各种方案下的保本点销量，如下图所示。

高手秘籍 实用操作技巧

通过对前面知识的学习，相信读者已经掌握了 Excel 2016 数据的模拟运算与预决算分析。下面结合本章内容，给大家介绍一些实用技巧。

配套文件

原始文件：素材文件\第 8 章\实用技巧\
结果文件：结果文件\第 8 章\实用技巧\
视频文件：教学文件\第 8 章\高手秘籍.mp4

扫码看微课

Skill 01　使用 Excel 单变量求解命令实现利润最大化

　　使用 Excel 的单变量求解功能可以在给定公式的前提下，通过调整可变单元格中的数值来寻求目标单元格中的目标值。接下来使用单变量求解命令，预测产品 a 的销售数量达到多少时，能够实现最大利润 20000 元。实现提成利润最大化的具体操作如下。

第 1 步：执行单变量求解命令

❶单击"数据"选项卡；❷在"预测"工具组中单击"模拟分析"按钮；❸在弹出的下拉列表中选择"单变量求解"选项，如下图所示。

第 2 步：设置求解项目

弹出"单变量求解"对话框，❶将"目标单元格"设置为"G3"；将"目标值"设置为"20000"；在行标签上的任意一个日期上单击鼠标右键，将"可变单元格"设置为"$C$3"；❷然后单击"确定"按钮，如下图所示。

第 3 步：确认设置

弹出"单变量求解状态"对话框，单击"确定"按钮，如下图所示。

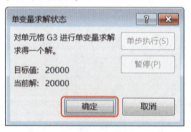

第 4 步：查看求解结果

返回工作表，此时即可计算出当产品 a 的销售数量达到 1333.33 时，就可实现最大利润 20000 元，如下图所示。

第8章
Excel 2016 数据的模拟运算与预决算分析

Skill 02　如何清除模拟运算表

当要清除模拟运算表中的某个计算结果时，Microsoft Excel 会提示您不能更改模拟运算表中的某一部分，所以要想清除这个计算结果必须将模拟运算表中的所有结果同时删除，具体操作如下。

第 1 步：选择数据

打开素材文件，选中模拟运算表中的计算结果所在的区域，如下图所示。

第 2 步：删除数据

按下"Delete"快捷键，即可删除清除模拟运算表中的数据。

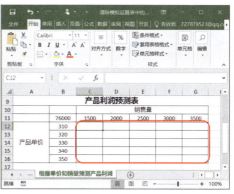

Skill 03　使用双变量求解功能计算贷款的月供

通常情况下，购房者在选购住房时要考虑诸多因素，例如房价、按揭年限等，在众多方案中选择适合自己的方案。

假设某人想通过贷款购房改善自己的居住条件，可供选择的房价有 20 万元、30 万元、40 万元、50 万元、60 万元、80 万元和 100 万元；可供选择的按揭方案有 5 年、10 年、15 年、20 年和 30 年。由于收入的限制，其每月还款额（以下称为月供金额）最高不能超过 3000 元，但也不要低于 2000 元，已知银行贷款利率为 6%。

接下来使用 Excel 双变量模拟运算表功能，帮助用户选择贷款方案，具体操作如下。

第 1 步：打开素材文件

打开素材文件，录入贷款购房的相关数据如右图所示。

第 2 步：输入公式

打开素材文件，选中 B6 单元格，在其中输入公式"=PMT(B3,B4,B2)"，然后按下"Enter"键，此时即可计算出房价 60 万元，银行贷款利率 6%，贷款年限 5 年的月供金额为 11,599.68，如下图所示。

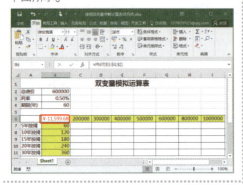

第 3 步：执行模拟运算表命令

选中数据区域 B6:I11，❶单击"数据"选项卡；❷在"预测"工具组中单击"模拟分析"按钮；❸在弹出的下拉列表中选择"模拟运算表"选项，如下图所示。

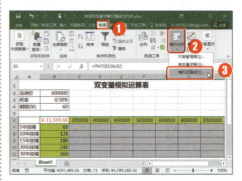

第 4 步：设置行变量和列变量

弹出"模拟运算表"对话框，❶在"输入引用行的单元格"文本框中设置行变量"$B$2"按钮；❷在"输入引用列的单元格"文本框中设置列变量"$B$4"按钮；❸单击"确定"按钮，如下图所示。

第 5 步：查看运算结果

此时，即可根据总房价和还款期限两个变量计算出月供金额。然后客户就可以根据自己的收入情况，对比每月的月供金额，选择合适的贷款金额，如下图所示。

本章小结

　　Excel 提供了合并计算、单变量求解、模拟运算以及规划求解等功能。本章通过合并计算功能计算公司各分部的销售数据；通过单变量求解功能预测月度销售收入；通过模拟运算表功能制作产品利润预测表，根据单价和销量预测产品利润；通过方案管理器功能预测产品的保本销量。通过对本章的学习，读者可以掌握合并计算、单变量求解，以及模拟运算的基本操作。

第 9 章

Excel 2016 数据共享与高级应用

本章导读

Excel 具有数据共享和 VBA 代码编辑功能，其中包括共享和保护工作簿、宏的简单应用、登录窗口的设置等内容。本章以共享客户信息表工作簿、制作销售订单管理系统，以及实现 Excel 与 Word/PPT 数据共享为例，介绍 Excel 数据的共享与高级应用。

知识要点

- 设置共享工作簿
- 合并工作簿备份
- 保护共享工作簿
- 启用和录制宏
- 查看和执行宏
- 设置订单管理登录窗口
- 链接工作表
- 实现 Excel 与 Word/PPT 数据共享

案例展示

Excel 2016 商务办公一本通（超值全彩版）

实战应用　跟着案例学操作

9.1 共享客户信息表工作簿

设置共享工作簿让整个工作组能够使用和编辑，可以大大加快数据的录入速度，而且在工作过程中还可以随时查看各自所做的改动，本节主要介绍如何共享客户信息表工作簿，实现多人协作办公。

"客户信息表"共享后的效果如下图所示。

配套文件

原始文件：素材文件\第9章\客户信息表.xlsx、客户信息表备份1.xlsx、客户信息表备份2.xlsx
结果文件：结果文件\第9章\客户信息表.xlsx
视频文件：教学文件\第9章\共享客户信息表工作簿.mp4

扫码看微课

9.1.1　设置共享工作簿

要想共享工作簿、实现协作办公，首先要保证用户的电脑在局域网内正常联网，然后在用户电脑盘符中创建共享文件夹，最后设置共享工作簿，并将其放置到共享文件夹中。接下来首先更改个人信用设置，然后设置共享工作簿，具体操作如下。

第 1 步：执行文件按钮

打开本实例的素材文件，单击"文件"按钮，如下图所示。

第 2 步：单击选项命令

弹出"文件"界面，单击"选项"命令，如下图所示。

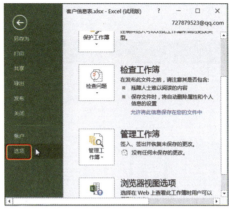

第 3 步：执行信任中心命令

弹出"Excel 选项"对话框，❶单击"信任中心"命令；❷单击"信任中心设置"按钮，如下图所示。

第 4 步：设置个人信息选项

弹出"信任中心"对话框，❶单击"隐私选项"命令；❷在"文档特定设置"组中取消勾选"保存时从文件属性中删除个人信息"复选框；❸单击"确定"按钮，如下图所示。

第 5 步：执行共享工作簿命令

❶单击"审阅"选项卡；❷在"更改"组中单击"共享工作簿"按钮，如下图所示。

第 6 步：设置编辑选项

弹出"共享工作簿"对话框，❶单击"编辑"选项卡；❷勾选"允许多用户同时编辑，同时允许工作簿合并"复选框；❸单击"确定"按钮，如下图所示。

第 7 步：设置高级选项

❶单击"高级"选项卡，此时可以设置修订、更新、用户间的修订冲突等方面的数值；❷单击"确定"按钮，如下图所示。

第 8 步：单击确定按钮

弹出"Microsoft Excel"对话框，提示客户"此操作将导致保存文档。是否继续？"，单击"确定"按钮，如下图所示。

第 9 步：查看共享工作簿

此时，工作簿"客户信息表"的标题栏上就会出现一个"共享"字样，如右图所示。

9.1.2 合并工作簿备份

当用户需要获得各自更改的共享工作簿的若干备份时,可以将这些共享工作簿的备份合并到一个共享工作簿中。合并工作簿备份的具体操作如下。

第 1 步:执行新建组命令

打开"Excel 选项"对话框,❶单击"自定义功能区"选项;❷在"审阅"主选项卡中单击"新建组"按钮;❸此时即可在"审阅"主选项卡创建一个名为"新建组(自定义)"的新组,如下图所示。

第 2 步:执行重命名命令

选中新建的组,单击鼠标右键,在弹出的快捷菜单中选择"重命名"命令,如下图所示。

第 3 步:重命名组

弹出"重命名"对话框,❶在"显示名称"文本框中输入文字"比较和合并";❷单击"确定"按钮,如下图所示。

第 4 步:添加比较和合并工作簿命令

返回"Excel 选项"对话框,❶在"从下列位置选择命令"下拉列表中选择"所有命令"选项;❷选择"比较和合并工作簿"命令;❸单击"添加"按钮,即可将该命令添加到选中的组中;❹单击"确定"按钮,如下图所示。

第5步：执行比较和合并工作簿命令

❶单击"审阅"选项卡；❷在"比较和合并"组中单击"比较和合并工作簿"按钮，如下图所示。

第6步：选择文件

弹出"将选定文件合并到当前工作簿"对话框，❶选中要进行合并的所有工作簿；❷单击"确定"按钮，如下图所示。

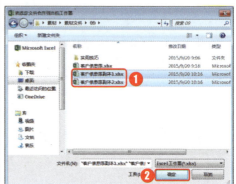

第7步：查看合并效果

此时，即可将选定的工作簿备份中的所有格式、内容等全部合并到当前的共享工作簿中，如右图所示。

> **知识加油站**
>
> 执行"比较和合并工作簿"命令，可以将多个共享工作簿的备份合并到一个共享工作簿中，此时各个共享工作簿的备份中的格式修改和内容修改都会合并到一个共享工作簿中。

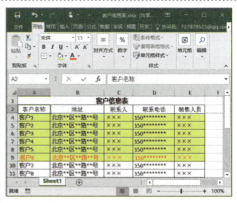

9.1.3 保护共享工作簿

对工作簿进行共享设置后，可以使用跟踪修订功能在每次保存工作簿时详细记录工作簿修订的详细信息，从而达到保护共享工作簿的目的。对共享工作簿进行追踪修订，包括修订者的名字、修订的时间和修订的位置、被删除或替换的数据，以及共享冲突的解决方式等。保护共享工作簿的具体操作如下。

第1步：执行保护共享工作簿命令

❶单击"审阅"选项卡；❷在"更改"组中单击"保护共享工作簿"按钮，如下图所示。

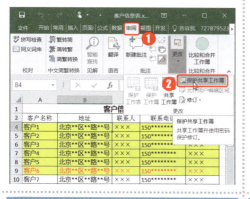

第2步：设置保护选项

弹出"保护共享工作簿"对话框，❶勾选"以跟踪修订方式共享"复选框；❷单击"确定"按钮，如下图所示。

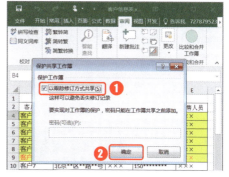

第3步：执行突出显示修订命令

❶单击"审阅"选项卡；❷在"更改"组中单击"修订"按钮；❸在弹出的下拉列表中选择"突出显示修订"选项。

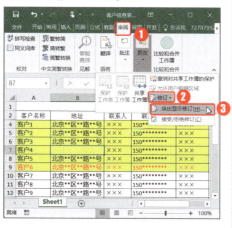

第4步：设置突出修订选项

弹出"突出显示修订"对话框，直接单击"确定"按钮，如下图所示。

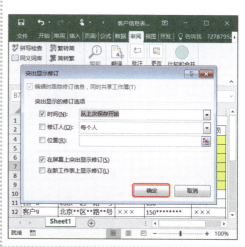

第5步：查看修订记录

此时会在单元格的左上角出现一个三角标记，❶将光标移动到单元格上；❷此时即可弹出批注框，显示修订的详细信息，如右图所示。

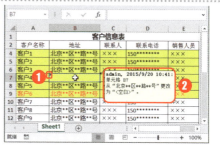

知识加油站

使用修订跟踪，可以跟踪、维护和显示对共享工作簿所做修订的有关信息。用户可以接受或拒绝这些修订。

9.2 制作销售订单管理系统

销售订单管理是销售管理中的重要环节。使用 Excel 的公式与函数功能以及 Visual Basic 编辑器，可以制作销售订单管理系统，统一管理客户、商品以及订单信息。

"销售订单管理系统"制作完成后的效果如下图所示。

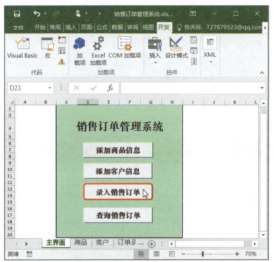

配套文件

原始文件：素材文件\第 9 章\销售订单管理系统.xlsx
结果文件：结果文件\第 9 章\销售订单管理系统.xlsm
视频文件：教学文件\第 9 章\制作销售订单管理系统.mp4

扫码看微课

9.2.1 启用和录制宏

在使用宏与 VBA 程序代码时，首先必须将工作簿另存为启用宏的工作簿，否则将无法运行宏与 VBA 程序代码。另存后用户可通过单击"启用内容"按钮或进行宏设置来启用和录制的宏，具体操作如下。

1. 另存为启用宏的工作簿

另存为"启用宏的工作簿"的具体操作如下。

第1步：执行文件命令

打开本实例的素材文件，单击"文件"按钮，如下图所示。

第2步：执行另存为命令

进入文件界面，❶单击"另存为"选项卡；❷单击"浏览"按钮，如下图所示。

第3步：设置保存选项

弹出"另存为"对话框，❶在计算机的盘符中选择合适的保存位置；❷在"保存类型"下拉列表中选择"Excel启用宏的工作簿(*.xlsm)"选项；❸单击"保存"按钮，如下图所示。

第4步：查看保存结果

此时，原有的工作簿就保存为了名为"销售订单管理系统.xlsm"的启用宏的工作簿，如下图所示。

2. 录制宏

录制宏是创建宏的最简单、最常用的方法。录制宏的具体操作如下。

第 1 步：执行录制宏命令

❶单击"开发工具"选项卡；❷在"代码"组中单击"录制宏"按钮，如下图所示。

第 2 步：设置宏选项

弹出"录制宏"对话框，❶在"宏名"文本框中显示宏名"宏 1"；❷将快捷键设置为"Ctrl+Shift+H"；❸单击"确定"按钮，如下图所示。

第 3 步：执行自动求和命令

选中单元格 J60，❶单击"开始"选项卡；❷在"编辑"组中单击"自动求和"按钮，如下图所示。

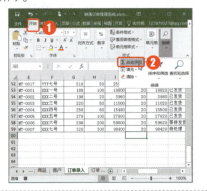

第 4 步：弹出求和公式

此时，在单元格 J60 中弹出求和公式"=SUM(J2: J59)"，如下图所示。

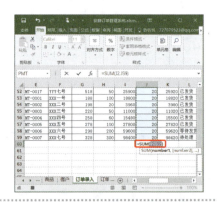

第 5 步：确认公式

按下"Enter"键，此时，即可将"运费"的合计数计算出来，如右图所示。

第 9 章
Excel 2016 数据共享与高级应用

第 6 步：确认设置

"宏 1"录制完成后，❶单击"开发工具"选项卡；❷在"代码"组中单击"停止录制"按钮即可，如下图所示。

第 7 步：保存宏

录制完毕，单击"快速访问工具栏"中的"保存"按钮即可，如下图所示。

> **知识加油站**
>
> 如果保存宏时出现隐私问题警告，此时打开"Excel 选项"对话框，切换到"信任中心"选项卡，然后单击"信用中心设置"按钮；弹出"信任中心"对话框，在"个人信息选项"选项卡中取消勾选"保存时从文件属性中删除个人信息"复选框即可。

3. 宏的安全设置

宏安全性的设置是相对于 Excel 软件的设置，而不是针对 Excel 文件。宏设置的具体操作如下。

第 1 步：执行宏安全设置

❶单击"开发工具"选项卡；❷在"代码"组中单击"宏安全性"按钮。

第 2 步：设置宏的安全选项

弹出"信任中心"对话框，❶单击"宏设置"选项卡；❷在右侧的"宏设置"组中选中"启用所有宏"单选框；❸单击"确定"按钮，如下图所示。

199

9.2.2 查看和执行宏

录制宏后，用户可以检查录制内容，甚至可以加以修改。检查完毕，可以执行宏进行新的操作。查看和执行宏的具体操作如下。

第1步：执行宏命令

❶单击"开发工具"选项卡；❷在"代码"组中单击"宏"按钮，如下图所示。

第2步：单击编辑按钮

弹出"宏"对话框，❶选中"宏1"；❷单击"编辑"按钮，如下图所示。

第3步：弹出代码窗口

此时，即可弹出代码窗口，并显示"宏1"的代码，查看完毕，单击"关闭"按钮。如下图所示。

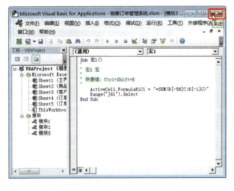

第4步：单击执行按钮

选中单元格K60，再次执行宏命令，打开"宏"对话框，❶选中"宏1"；❷单击"执行"按钮，如下图所示。

第6步：查看宏执行结果

此时即可执行"宏 1"，计算出"实收金额"的合计数，如右图所示。

> **知识加油站**
>
> 此外，按下设置好的快捷键"Ctrl+Shift+H"，同样可以执行"宏 1"的程序代码。

9.2.3 设置订单管理登录窗口

为了防止他人查看或者更改工资系统信息，可以设置用户登录窗口，用户只有输入正确的用户名和密码之后才可以进入该系统。接下来为销售订单管理系统设置登录窗口，具体操作如下。

第1步：执行 Visual Basic 命令

❶单击"开发工具"选项卡；❷在"代码"组中单击"Visual Basic"按钮，如下图所示。

第2步：设置登录代码

弹出代码窗口，❶在右侧的"工程 – VBA Project"窗格中双击"This Workbook"选项；❷输入以下代码；❸单击"保存"按钮，如下图所示。

```
Private Sub Workbook_Open()
Dim m As String
Dim n As String
Do Until m = "张三"
    m = InputBox("欢迎进入本系统，请输入您的用户名", "登录", "")
  If m = "张三" Then
     Do Until n = "123"
        n = InputBox("请输入您的密码", "密码", "")
        If n = "123" Then
           Sheets("主界面").Select
        Else
           MsgBox "密码错误！请重新输入！", vbOKOnly, "登录错误"
```

```
            End If
        Loop
      Else
        MsgBox "用户名错误！请重新输入！", 
vbOKOnly, "登录错误"
      End If
Loop
End Sub
```

第3步：关闭代码窗口

单击右上角的"关闭"按钮，即可关闭代码窗口，如下图所示。

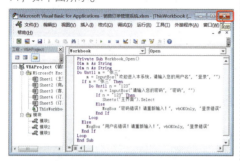

第4步：输入用户名

重新打开启用宏的工作簿，弹出"登录"对话框，❶输入用户名"张三"；❷单击"确定"按钮。

第5步：输入密码

弹出"密码"对话框，❶输入密码"123"；❷单击"确定"按钮。

第6步：进入主界面工作表

此时即可打开工作簿，进入"主界面"工作表，如下图所示。

9.2.4 链接工作表

使用控件按钮和 VBA 代码，可以在工作表之间设置快速链接。使用宏功能编辑 VBA 代码链接工作表的具体操作如下。

第1步：插入命令控件

在"商品"工作表中，❶单击"开发工具"选项卡；❷在"控件"组中单击"插入"按钮；❸单击选择"命令按钮(ActiveX 控件)"按钮，如下图所示。

第2步：绘制命令按钮

在工作表中拖动鼠标即可绘制一个控件按钮，自动进入设计模式，如下图所示。

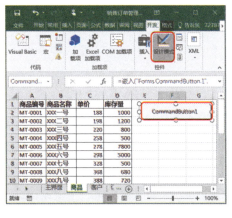

第3步：单击控件属性命令

❶选中命令控件；❷在"控件"组中单击"控件属性"按钮，如下图所示。

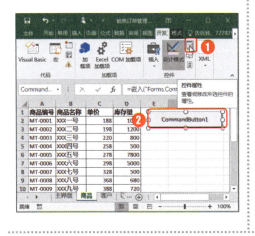

第4步：设置 Caption 属性

弹出"属性"对话框，❶在"Caption"选项右侧的文本框中输入文字"返回主界面"；❷单击"Font"选项右侧的"展开"按钮，如下图所示。

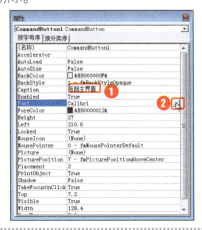

第 5 步：设置字体属性

弹出"字体"对话框，❶在"字体"列表框中选择"华文中宋"选项，在"字形"列表框中选择"粗体"选项，在"大小"列表框中选择"三号"选项；❷单击"确定"按钮，如下图所示。

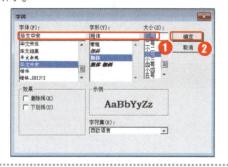

第 6 步：查看设置效果

设置完毕，返回"属性"对话框，然后单击"关闭"按钮，返回"商品"工作表中，控件按钮的外观如下图所示。

第 7 步：单击查看代码按钮

❶选中命令控件；❷在"控件"组中单击"查看代码"按钮，如下图所示。

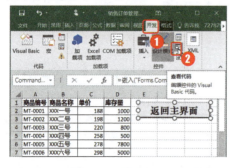

第 8 步：录入命令按钮的代码

弹出代码对话框，输入如下代码，然后单击"保存"按钮，如下图所示。

Private Sub CommandButton1_Click()
Sheets("主界面").Select
End Sub

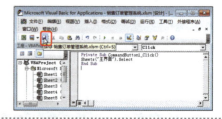

第 9 步：退出设计模式

❶选中命令控件；❷在"控件"组中单击"设计模式"按钮，即可退出设计模式，如下图所示。

第 10 步：单击控件按钮

单击设置的控件按钮，如下图所示。

第 11 步：查看切换效果

此时即可切换到工作表"主界面"，如下图所示。

第 12 步：设置其他工作表的命令按钮

使用同样的方法，设置其他工作表的命令按钮，如下图所示。

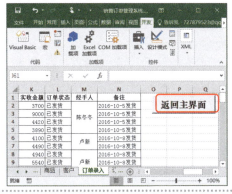

第 13 步：设置主界面工作表中的命令按钮

切换到工作表"主界面"对话框，使用上述方法，设置 4 个控件按钮"添加商品信息"、"添加客户信息"、"录入销售订单"和"查询销售订单"，如下图所示。

第 14 步：进入设计模式

选中命令控件，在"控件"组中单击"设计模式"按钮，进入设计模式，如下图所示。

第 15 步：执行查看代码命令

选中其中的任意一个控件按钮，单击鼠标右键，在弹出的快捷菜单中选择"查看代码"选项，如右图所示。

```
Private Sub CommandButton3_Click()
Sheets("订单录入").Select
End Sub
Private Sub CommandButton4_Click()
Sheets("订单明细查询").Select
```

第16步：输入代码

弹出代码对话框，输入如下代码，❶单击"保存"按钮；❷单击"关闭"按钮，如下图所示。

```
Private Sub CommandButton1_Click()
Sheets("商品").Select
End Sub
Private Sub CommandButton2_Click()
Sheets("客户").Select
End Sub
```

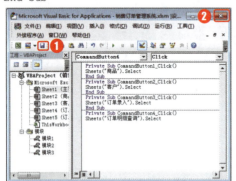

第17步：退出设计模式

选中命令控件；在"控件"组中单击"设计模式"按钮，退出设计模式，如下图所示。

第18步：单击命令按钮

设置完成后，单击控件按钮"录入销售订单"，如下图所示。

第19步：查看链接效果

此时，即可链接工作表"订单录入"，如下图所示。

> **知识加油站**
>
> 除使用控件按钮设置工作表之间的链接以外，还可以使用超链功能。该功能可以将某个工作表的单元格链接到其他工作表中的任意一个单元格。

9.3 实现 Excel 与 Word/PPT 数据共享

Excel 是一款重要的表格和数据处理软件,在使用过程中,与 Word 文档和 PowerPoint 演示文稿之间可以相互调用数据,如将 Word 表格调用到 Excel 中,在数据表中嵌入幻灯片等。

Excel 与 Word/PPT 数据相互调用的效果如下图所示。

配套文件

原始文件:素材文件\第9章\表格.xlsx、文档.docx、演示文稿.pptx
结果文件:结果文件\第9章\表格.xlsx、文档.docx、演示文稿.pptx
视频文件:教学文件\第9章\实现 Excel 与 Word/PPT 数据共享.mp4

扫码看微课

9.3.1 在 Excel 中插入 Word 表格

Excel 与 Word 之间的数据可以相互调用。如果要将 Word 文档中的表格调用到 Excel 工作表中,方法非常简单,直接执行复制和粘贴命令即可,具体操作如下。

第1步:复制表格

打开本实例的素材文件"文档.docx",选中表格,单击鼠标右键,在弹出的下拉列表中选择"复制"选项,如右图所示。

第2步：粘贴表格

打开本实例的素材文件"表格.xlsx"，在工作表"Sheet3"中单击鼠标右键，在弹出的下拉列表中选择"粘贴选项"组中的"保留源格式"选项，如右图所示。

第3步：查看粘贴效果

此时，即可将选中的表格粘贴到 Excel 工作表中，如下图所示。

第4步：调整表格格式

对表格进行简单设置后的最终效果如下图所示。

9.3.2 在 Word 中粘贴 Excel 表格

如果要将 Excel 工作表中的表格调用到 Word 文档，方法非常简单，直接执行复制和粘贴命令即可，具体操作如下。

第1步：复制表格

在素材文件"表格.xlsx"中，切换到工作表"Sheet3"中，选中工作表中的表格，按下"Ctrl + C"组合键，如下图所示。

第2步：粘贴表格

打开素材文件"文档.docx"，在要粘贴的位置，按下"Ctrl + V"组合键，即可将选中的表格粘贴到文档中，如下图所示。

第 3 步：调整行高和列宽

将光标定位到表格的边线上，鼠标指针变成双线箭头时，拖动鼠标即可调整行高和列宽，如下图所示。

第 4 步：查看调整效果

行高和列宽调整完成后的最终效果如下图所示。

9.3.3 在 Word 文档中插入 Excel 附件

日常工作中经常需要将 Excel 工作簿以附件形式插入到 Word 文档，具体操作如下。

第 1 步：插入对象

在素材文件"文档.docx"中，❶单击"插入"选项卡；❷在"文本"组中单击"对象"按钮，如下图所示。

第 2 步：执行浏览命令

弹出"对象"对话框，❶切换到"由文件创建"选项卡；❷单击"浏览"按钮，如下图所示。

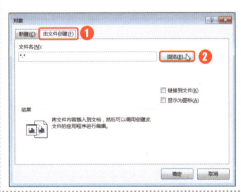

第 3 步：选择素材文件

弹出"浏览"对话框，❶选择素材文件"客户信息表.xlsx"；❷单击"插入"按钮，如下图所示。

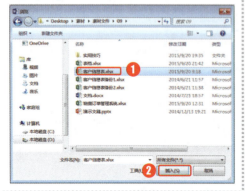

第 4 步：插入图标

返回"对象"对话框，❶勾选"显示为图标"复选框；❷单击"确定"按钮，如下图所示。

第 5 步：查看插入的附件

此时，即可将工作簿以附件形式插入到 Word 文档，然后双击附件图标，如下图所示。

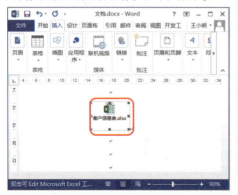

第 6 步：打开附件

此时，即可打开插入的工作簿，如下图所示。

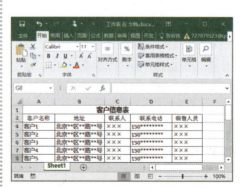

9.3.4 在 Excel 数据表中嵌入幻灯片

除执行复制和粘贴命令以外，还可以将幻灯片以图片的形式嵌入到工作表中，具体操作如下。

第 9 章
Excel 2016 数据共享与高级应用

第 1 步：复制幻灯片	第 2 步：粘贴幻灯片
打开素材文件"演示文稿.pptx"，选中第 5 张幻灯片，按下"Ctrl + C"组合键，如下图所示。	在素材文件"表格.xlsx"，切换到工作表"Sheet3"中，按下"Ctrl + V"组合键，即可将幻灯片以图片形式粘贴到工作表中，如下图所示。

高手秘籍　实用操作技巧

通过对前面知识的学习，相信读者已经掌握了 Excel 2016 数据的模拟运算与预决算分析。下面结合本章内容，给大家介绍一些实用技巧。

配套文件

原始文件：素材文件\第 9 章\实用技巧\
结果文件：结果文件\第 9 章\实用技巧\
视频文件：教学文件\第 9 章\高手秘籍.mp4

扫码看微课

Skill 01　启用"开发工具"选项卡

在使用控件和"VisualBasic"代码前，必须在 Excel 文件中启用"开发工具"选项卡，具体操作如下。

211

第 1 步：弹出提示对话框

单击"文件"按钮，选择"选项"命令，如下图所示。

第 2 步：勾选开发工具复选框

弹出"Excel 选项"对话框，❶选择"自定义功能区"选项卡；❷在"主选项卡"列表中勾选"开发工具"复选框；❸单击"确定"按钮即可。

Skill 02　使用超链接切换工作表

使用超链接功能可以链接主界面和其他工作表，具体操作如下。

第 1 步：插入命令按钮

打开本实例的素材文件"工资管理系统.xlsm"，进入"主界面"工作表，❶选中单元格 C6；❷单击"插入"选项卡；❸在"链接"组中单击"超链接"按钮，如下图所示。

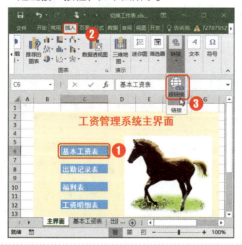

第 2 步：执行属性命令

弹出"插入超链接"对话框，❶选择"本文档中的位置"选项卡；❷在"请键入单元格引用"文本框中输入自动显示单元格"A1"按钮；❸在"或在此文档中选择一个位置"列表中选择工作表名称"基本工资表"选项；❹单击"确定"按钮。

第3步：设置属性

此时即可为单元格C6添加超链接，将光标移动到单元格上即可查看超链接地址，然后在超链接上单击鼠标左键，如下图所示。

第4步：执行查看代码命令

此时即可切换到工作表"基本工资表"，如下图所示。

Skill 03　使用Mymsgbox代码显示信息框

在启用宏的工作簿中，如果需要向用户显示简单的提示信息，可以使用"MsgBox"函数编写宏代码，执行宏代码即可显示消息框。使用Mymsgbox代码显示信息框的具体操作如下。

第1步：编辑代码

打开代码窗口，输入如下代码，❶单击"保存"按钮；❷然后单击"关闭"按钮，如下图所示。

Sub mymsgbox()
　MsgBox "欢迎使用销售订单管理系统!"
End Sub

第2步：执行宏

打开"宏"对话框，❶选中宏"This Workbook.mymsgbox"；❷单击"执行"按钮，如下图所示。

第 3 步：查看提示信息框

此时即可弹出一个提示信息框，提示用户"欢迎使用销售订单管理系统!"，直接单击"确定"按钮即可，如右图所示。

本章小结

本章结合实例讲述了 Excel 的数据共享与高级应用。本章的重点是让读者掌握共享工作簿，实现多人协作办公的方法。通过对本章的学习，读者应熟练掌握共享工作簿、合并工作簿、保护工作簿的操作技能，以及宏与 VBA 的简单应用。

第 10 章

Excel 2106 商务办公综合应用

本章导读

通过前面几章的讲解，相信大家已经掌握了 Excel 在表格制作、数据计算、数据统计与分析、图表制作、数据透视分析等方面的基本操作。本章主要结合常用实例综合讲解 Excel 在日常工作中的应用，包括员工工资数据统计与分析、使用动态图表统计和分析日常费用和 Excel 在财务工作中的应用等内容。

知识要点

- ⊃ 共计算和统计工资数据
- ⊃ 管理工资数据
- ⊃ 制作工资数据透视图表
- ⊃ 制作下拉列表引用数据
- ⊃ 设置组合框控件
- ⊃ 制作凭证录入表
- ⊃ 制作总账和科目汇总表
- ⊃ 制作科目余额表

案例展示

实战应用　跟着案例学操作

10.1　员工工资数据统计与分析

工资管理是企业的一项重要工作，使用 Excel 的数据统计和分析功能，可以帮助财务人员快速完成数据统计和计算，还可以使用图表功能分析各部门工资分布情况。

工资数据统计与分析效果如下图所示。

配套文件

原始文件：素材文件\第 10 章\工资数据统计与分析.xlsx
结果文件：结果文件\第 10 章\工资数据统计与分析.xlsx
视频文件：教学文件\第 10 章\员工工资数据统计与分析.mp4

扫码看微课

10.1.1　计算和统计工资数据

使用公式和函数功能可以快速计算工资数据，如使用 IF 函数判定工资等级，使用 SUM、AVERAGE、COUNT、MAX、MIN 等统计函数来计算工资统计数据。计算和统计工资数据的具体操作如下。

第1步：打开素材文件

打开本实例的素材文件，工资数据如下图所示。

第2步：计算第一名员工的工资等级

在"工资数据"工作表中，选中单元格 I3，输入公式"=IF(H3>=4500,"一等",IF(H3 = 4000,"二等","三等"))"，按下"Enter"键，即可计算出第一名员工的工资等级，如下图所示。

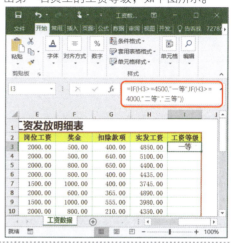

第3步：计算其他员工的工资等级

选中单元格 I3，将光标定位在单元格的右下角，鼠标指针变成十字形状时拖动鼠标，将公式填充到本列的其他单元格，即可计算出其他员工的工资等级，如下图所示。

第4步：计算"基本工资"的合计

选中单元格 D23，输入公式"=SUM(D3:D22)"，按下"Enter"键，即可计算出"基本工资"的合计，如下图所示。

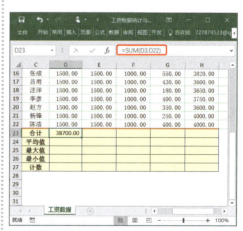

第 5 步：计算其他项目的合计

选中单元格 D23，将光标定位在单元格的右下角，鼠标指针变成十字形状时拖动鼠标，将公式填充到本行的其他单元格，即可计算出其他项目的合计，如下图所示。

第 6 步：计算"基本工资"的平均值

接下来选中单元格 D24，输入公式"= AVERAGE (D3:D22)"，按下"Enter"键，即可计算出"基本工资"的平均值，如下图所示。

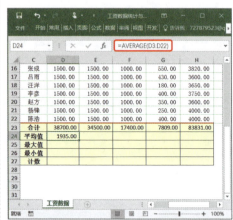

第 7 步：计算其他项目的平均值

选中单元格 D24，将光标定位在单元格的右下角，鼠标指针变成十字形状时拖动鼠标，将公式填充到本行的其他单元格，即可计算出其他项目的平均值，如下图所示。

第 8 步：计算"基本工资"的最大值

选中单元格 D25，输入公式"=MAX(D3:D22)"，按下"Enter"键，即可计算出"基本工资"的最大值，如下图所示。

第 9 步：计算其他项目的最大值

选中单元格 D25，将光标定位在单元格的右下角，鼠标指针变成十字形状时拖动鼠标，将公式填充到本行的其他单元格，即可计算出其他项目的最大值，如下图所示。

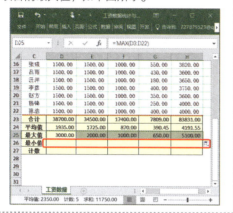

第 10 步：计算"基本工资"的最小值

选中单元格 D26，输入公式"=MIN(D3:D22)"，按下"Enter"键，即可计算出"基本工资"的最小值，如下图所示。

第 11 步：计算其他项目的最小值

选中单元格 D26，将光标定位在单元格的右下角，鼠标指针变成十字形状时拖动鼠标，将公式填充到本行的其他单元格，即可计算出其他项目的最小值，如下图所示。

第 12 步：计算"基本工资"的计数值

选中单元格 D27，输入公式"=COUNT(D3:D22)"，按下"Enter"键，即可计算出"基本工资"的计数，如下图所示。

第 13 步：计算其他项目的计数

选中单元格 D27，将光标定位在单元格的右下角，鼠标指针变成十字形状时拖动鼠标，将公式填充到本行的其他单元格，即可计算出其他项目的计数，如右图所示。

10.1.2 管理工资数据

数据管理操作主要包括排序、筛选和分类汇总,以及数据透视分析等。接下来按照"实发工资"的高低进行降序排序;按照"所属部门"筛选"生产部"员工的工资数据;根据"所属部门"进行排序;然后按照"所属部门"对"实发工资"进行分类汇总。合并工作簿备份的具体操作如下。

第1步:执行新建工作表命令

在工作表标签"工资数据"右侧单击"新工作表"按钮,如下图所示。

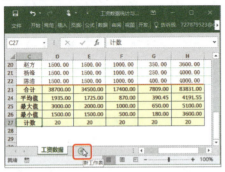

第2步:查看创建的工作表

此时,即可创建一个新的工作表,如下图所示。

第3步:创建"排序"工作表

将新建的工作表重命名为"排序",在工作表"工资数据"中复制单元格区域A1:I22,切换到工作表"排序",然后粘贴复制的单元格区域,如下图所示。

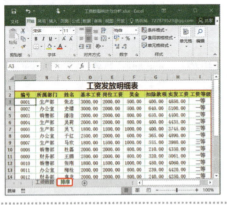

第4步:执行排序命令

❶单击"数据"选项卡;❷在"排序和筛选"组中单击"排序"按钮,如下图所示。

第 5 步：设置排序选项

弹出"排序"对话框，❶在"主关键字"下拉列表中选择"实发工资"选项；❷在"次序"下拉列表中选择"降序"选项；❸单击"确定"按钮，如下图所示。

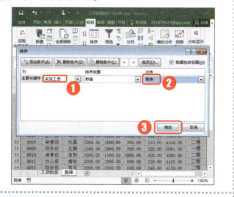

第 6 步：查看排序结果

此时，即可将工资数据按照"实发工资"进行"降序"排列，如下图所示。

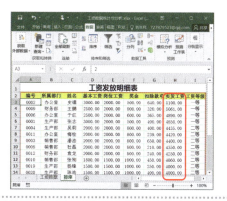

第 7 步：创建"筛选"工作表

使用同样的方法，创建"筛选"工作表，从"工资数据"工作表中复制基础数据 A1:I22，如下图所示。

第 8 步：执行筛选命令

在"筛选"工作表中，将光标定位在数据区域，❶单击"数据"选项卡；❷在"排序和筛选"组中单击"筛选"按钮。

第 9 步：单击下拉按钮

此时，工作表进入筛选状态，各标题字段的右侧出现一个下拉按钮，单击"所属部门"右侧的下拉按钮，如右图所示。

第 10 步：设置筛选选项

弹出一个筛选列表，此时，所有"所属部门"都处于选中状态，❶单击"全选"选项左侧的方框，此时就取消了所有选项；❷勾选"生产部"复选框；❸单击"确定"按钮，如右图所示。

第 11 步：查看筛选结果

此时，所属部门为"生产部"的数据记录就被筛选出来了，并在筛选字段的右侧出现一个"筛选"按钮，如下图所示。

第 12 步：创建"分类汇总"工作表

使用同样的方法，创建"分类汇总"工作表，从"工资数据"工作表中复制基础数据 A2:I22，如下图所示。

第 13 步：执行升序命令

在"分类汇总"工作表中，将光标定位在"所属部门"列的任一单元格，❶单击"数据"选项卡；❷在"排序和筛选"组中单击"升序"按钮，如下图所示。

第 14 步：查看升序结果

此时，工资数据就会按照"所属部门"进行"升序"排序，如下图所示。

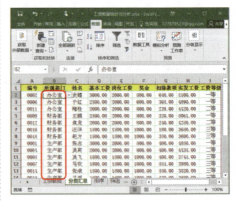

第 15 步：执行分类汇总命令

在"分类汇总"工作表中，将光标定位在数据区域，❶单击"数据"选项卡；❷在"分级显示"组中单击"分类汇总"按钮，如下图所示。

第 16 步：设置汇总字段

弹出"分类汇总"对话框，❶在"分类字段"下拉列表中选择"所属部门"选项；❷在"汇总方式"下拉列表中选择"求和"选项；❸在"选定汇总项"列表框中选中"实发工资"选项；❹单击"确定"按钮。

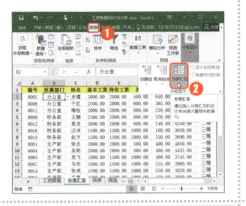

第 17 步：查看汇总结果

此时，即可看到按照"所属部门"汇总各部门员工的实发工资，并显示 3 级汇总结果，如右图所示。

知识加油站

使用"分类汇总"命令应注意以下几点：（1）分类汇总的数据通常为一维数据；（2）执行"分类汇总"命令前应将当前单元格置于列表内；（3）分类汇总前需要对类别字段进行排序。

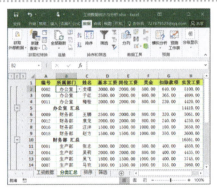

10.1.3 制作工资数据透视图表

使用数据透视表和数据透视图功能可以快速汇总工资数据，并生成图表来分析各部门工资状况。接下来按照"所属部门"和"实发工资"字段制作数据透视表和数据透视图，分析各部门工资情况，具体操作如下。

第1步：创建"数据透视分析"工作表

使用同样的方法，创建"数据透视分析"工作表，从"工资数据统计与分析"工作表中复制基础数据A2:I22，如下图所示。

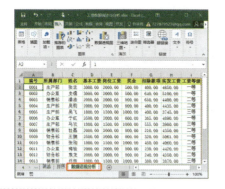

第2步：执行插入数据透视图命令

在"数据透视分析"工作表中，将光标定位在数据区域，❶单击"插入"选项卡；❷在"图表"组中单击"数据透视图"按钮；❸在弹出的下拉列表中选择"数据透视图和数据透视表"选项。

第3步：选中"现有工作表"单选钮

弹出"创建数据透视表"对话框，❶选中"现有工作表"单选框；❷单击"位置"文本框右侧的"折叠"按钮；❸单击"确定"按钮。

第4步：设置数据透视表位置

弹出"创建数据透视表"对话框，❶在工作表"数据透视分析"中选择单元格 K1；❷单击对话框右侧的"展开"按钮，如下图所示。

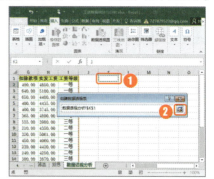

第5步：单击确定按钮

返回"创建数据透视表"对话框，此时，即可在"位置"文本框中显示出筛选的数据范围，然后单击"确定"按钮，如右图所示。

第 6 步：查看数据透视图表框架

此时，即可在单元格 K1 位置创建数据透视表和数据透视图的框架，并在工作表右侧弹出"数据透视图字段"窗口，如右图所示。

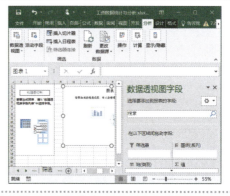

第 7 步：设置数据透视图字段

在"数据透视图字段"窗口中，❶将"所属部门"复选框拖动到"轴（类别）"组合框中；❷将"实发工资"复选框拖动到"值"组合框中。

第 8 步：查看数据透视图表

此时，即可根据选中的字段生成数据透视表和数据透视图，如下图所示。

第 9 步：设置数据透视表样式

将光标定位在数据透视表中，❶在"数据透视表工具"栏中单击"设计"选项卡；❷在"数据透视表样式"组中选择样式"数据透视表样式中等深浅 3"，如右图所示。

第 10 步：设置图表标题

第 11 步：执行更改图表类型命令

选中图表,将表格标题设置为"各部门工资比重对比",如下图所示。

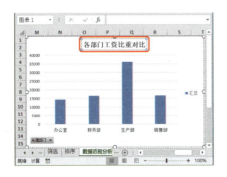

选中图表,在"数据透视图工具"栏中,❶单击"设计"选项卡;❷在"类型"组中单击"更改图表类型"按钮,如下图所示。

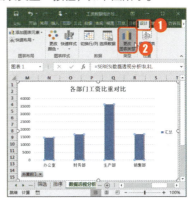

第 12 步:选择图表类型

弹出"更改图表类型"对话框,❶单击"饼图"选项卡;❷选中"三维饼图"选项;❸单击"确定"按钮,如下图所示。

第 13 步:查看更改效果

此时,图表的类型就变成了三维饼图,如下图所示。

第 14 步:设置快速样式

选中图表,❶在"数据透视图工具"栏中单击"设计"选项卡;❷在"图表样式"组中单击"快速样式"按钮;❸在弹出的下拉列表中选择"样式 8"选项,如右图所示。

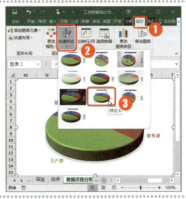

第 15 步:更改图表颜色

第 16 步:执行设置数据标签格式命令

选中图表，❶在"数据透视图工具"栏中单击"设计"选项卡；❷在"图表样式"组中单击"更改颜色"按钮；❸在弹出的下拉列表中选择"颜色4"选项，如下图所示。

选中图表中的所有数据标签，单击鼠标右键，在弹出的快捷菜单中选择"设置数据标签格式"选项，如下图所示。

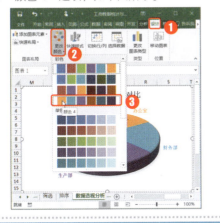

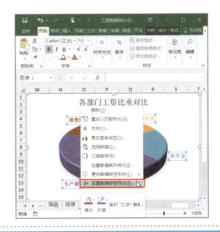

第17步：勾选"百分比"复选框

此时，在工作表的右侧出现"设置数据标签格式"窗口，在"标签选项"组中勾选"百分比"复选框，如下图所示。

第18步：查看最终效果

操作到这里，图表就设置完成了，最终效果如下图所示。

10.2 使用动态图表统计和分析日常费用

使用组合框和VLOOKUP函数也可以制作简单的动态图表。通过制作下拉列表引用数据，然后插入图表，设置组合框控件，即可生成有组合框的动态图表。

日常费用动态图表制作完成后的效果如下图所示。

Excel 2016
商务办公一本通(超值全彩版)

配套文件

原始文件:素材文件\第 10 章\日常费用统计图.xlsx
结果文件:结果文件\第 10 章\日常费用统计图.xlsx
视频文件:教学文件\第 10 章\使用动态图表统计和
　　　　　分析日常费用.mp4

扫码看微课

10.2.1 制作下拉列表引用数据

首先使用 Excel 的下拉列表功能和 VLOOKUP 函数引用数据,具体操作如下。

第 1 步:单元格区域

打开本实例的素材文件,选中单元格区域 B2:E2,按下"Ctrl+C"组合键,如下图所示。

第 2 步:执行转置命令

❶选中单元格 A8;❷单击鼠标右键,在弹出的快捷菜单中选择"粘贴→转置"选项,如下图所示。

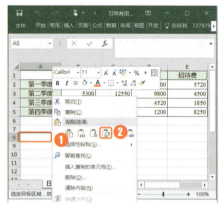

第 3 步：查看转置效果

此时，即可将选中的内容转置到单元格区域 A8:A11 中，如下图所示。

第 4 步：执行数据验证命令

❶选中单元格 B7；❷单击"数据"选项卡；❸在"数据验证"组中单击"数据验证"按钮；❹在弹出的下拉列表中选择"数据验证"选项，如下图所示。

第 5 步：选择序列选项

弹出"数据验证"对话框，❶在"允许"下拉列表中选择"序列"选项；❷在"来源"文本框右侧单击"折叠"按钮，如下图所示。

第 6 步：设置序列来源

❶拖动鼠标左键选择数据区域 A2:A5；❷在"数据验证"文本框右侧单击"展开"按钮，如下图所示。

第 7 步：单击确定按钮

返回"数据验证"对话框，直接单击"确定"按钮，如右图所示。

第8步：查看设置效果

此时，在单元格B7的右侧出现一个下拉按钮，单击下拉按钮，在弹出的下拉列表中选择相关选项即可，如下图所示。

第9步：输入公式

选中单元格区域B8:B11，在"编辑栏"中输入公式"=VLOOKUP($B$7,$2:$5,ROW()-6,0)"，如下图所示。

第10步：设置数组公式

按下"Ctrl+Shift+Enter"组合键，此时输入的公式变成了数组公式，如下图所示。

第11步：选择下拉列表中的选项

此时，单击单元格B7右侧的下拉按钮，选择"第一季度"选项，如下图所示。

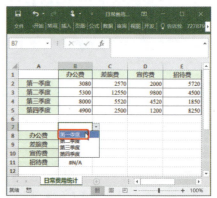

第12步：查看引用效果

此时，即可将各种办公费用引用到下方的单元格区域中，如右图所示。

10.2.2 插入和美化图表

插入和美化图表的具体操作如下。

第1步：插入簇状柱形图

单元格区域 A7:B11，❶单击"插入"选项卡；❷在"图表"组中单击"插入柱形图或条形图"按钮；❸在弹出的下拉列表中选择"簇状柱形图"选项，如下图所示。

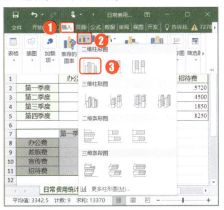

第2步：查看簇状柱形图

此时，即可插入一个簇状柱形图，如下图所示。

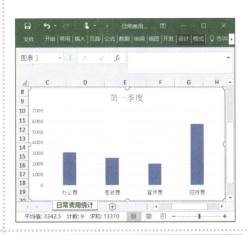

第3步：设置图表标题

将图表标题设置为"日常费用统计图"，如下图所示。

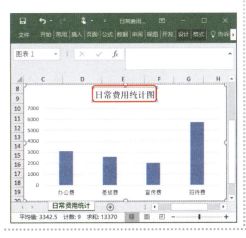

第4步：更改图表颜色

选中图表，❶在"数据透视图工具"栏中，单击"设计"选项卡；❷在"图表样式"组中单击"更改颜色"按钮；❸在弹出的下拉列表中选择"颜色9"选项，如下图所示。

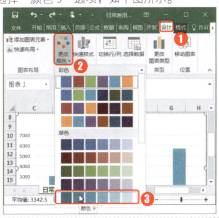

第 5 步：更改图表样式

选中图表，❶在"数据透视图工具"栏中，单击"设计"选项卡；❷在"图表样式"组中单击"快速样式"按钮；❸在弹出的下拉列表中选择"样式 16"选项，如下图所示。

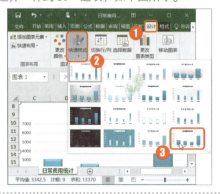

第 6 步：查看样式效果

此时，图表就会应用选中的"样式 16"的图表效果，如下图所示。

10.2.3 设置组合框控件

接下来在工作表中插入组合框控件，然后设置组合框控件的属性，具体操作如下。

第 1 步：插入组合框控件

选中工作表中的任意单元格，❶单击"开发工具"选项卡；❷在"控件"组中单击"插入"按钮；❸在弹出的下拉列表中单击"组合框（ActiveX 控件）"按钮，如下图所示。

第 2 步：绘制组合框

拖动鼠标即可绘制一个组合框控件，并自动进入设计模式，如下图所示。

第3步：单击属性按钮

选中控件，单击"控件"组中的"控件属性"按钮，如下图所示。

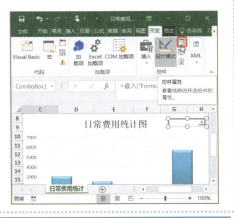

第4步：设置 LinkedCell 和 ListFillRang

弹出"属性"对话框，❶在"LinkedCell"右侧的文本框中输入"日常费用统计!B7"；❷在"ListFillRang"右侧的文本框中输入"日常费用统计!A2:A5"，如下图所示。

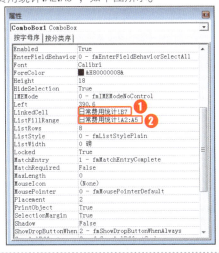

第5步：关闭代码窗口

单击"关闭"按钮，如下图所示。

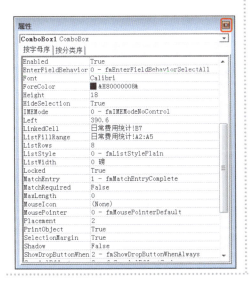

第6步：退出设计模式

返回工作表，在"控件"组中单击"设计模式"按钮，即可退出设计模式。

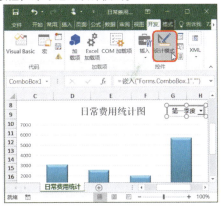

第7步：在组合框中选择选项

单击组合框按钮，在弹出的下拉列表中选择"第三季度"选项，如下图所示。

第8步：查看图表变化

此时，即可根据第三季度的数据生成新的图表，如下图所示。

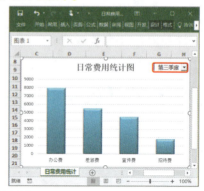

10.3 Excel 在财务工作中的应用

日常工作中，会计人员经常利用电子表格处理软件进行日常工作和相关数据的表格处理。Excel电子表格处理软件的特点是将会计工作人员从传统的工作模式中解放出来，利用计算机进行数据录入、函数应用和统计计算，帮助他们减少烦琐的重复计算，减轻会计核算的工作量，降低财务成本，轻松实现会计电算化。本节结合 Excel 2016 的表格编制、函数应用以及数据透视等功能，创建 Excel 账表，进行日常账务处理。

Excel账表的最终效果如下图所示。

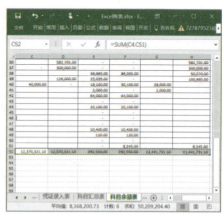

第 10 章
Excel 2106 商务办公综合应用

配套文件

原始文件：素材文件\第 10 章\Excel 账表.xlsx、会计业务.docx
结果文件：结果文件\第 10 章\Excel 账表.xlsx
视频文件：教学文件\第 10 章\Excel 在财务工作中的应用.mp4

扫码看微课

10.3.1 制作凭证录入表

企业财务管理人员为了日后汇总和查看账务信息，通常需要对日常的各种经营凭证进行记录。接下来使用数据验证功能和 LOOKUP 函数制作下拉列表，根据企业发生的经济业务和相关会计科目来制作"凭证录入表"。

1. 使用数据验证功能输入科目代码

财务人员在 Excel 账表中录入记账凭证时，必然会使用"科目代码"，为了防止无效代码的输入，可以使用数据验证功能输入科目代码，具体操作如下。

第 1 步：打开素材文件

打开本实例的素材文件，某公司的会计科目和 12 月期初余额表如下图所示。

第 2 步：执行定义名称命令

在工作表"12 月期初余额表"中，❶选中单元格区域 A2:A49；❷单击"公式"选项卡；❸在"定义的名称"组中单击"定义名称"按钮，如下图所示。

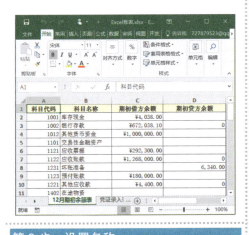

第 3 步：设置名称

弹出"新建名称"对话框，❶在"名称"文本框将名称设置为"科目代码"；❷单击"确定"按钮，如右图所示。

235

第 4 步：查看设置效果

此时，即可为单元格区域 A2:A49 设置名称"科目代码"，如右图所示。

第 5 步：切换到凭证录入表

切换到工作表"凭证录入表"中，凭证录入表的基本框架如下图所示。

第 6 步：执行数据验证命令

❶选中单元格区域 D2:D37；❷单击"数据"选项卡；❸在"数据工具"组中单击"数据验证"按钮；❹在弹出的下拉列表中选择"数据验证"选项。

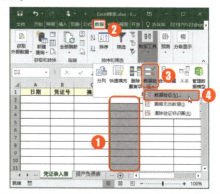

第 7 步：设置序列

弹出"数据验证"对话框，❶在"允许"下拉列表中选择"序列"选项；❷在"来源"文本框中输入"=科目代码"；❸单击"确定"按钮，如下图所示。

第 8 步：查看设置效果

此时，即可为选中的单元格区域设置数据验证，并在每个单元格的右侧出现一个下拉按钮，如下图所示。

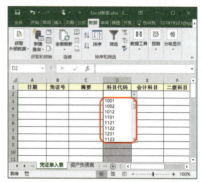

2. 使用 LOOKUP 函数引用会计科目

在输入记账凭证信息时，用户可以使用 LOOKUP 函数从工作表"12 月期初余额表"中快速提取会计科目，具体操作如下。

第 1 步：输入公式

在工作表"凭证录入表"中，选中单元格 E2，输入公式"=LOOKUP(D2,科目代码,'12 月期初余额表'!$B$2:$B$49)"，如下图所示。

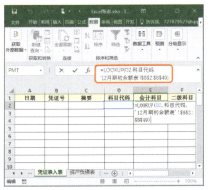

第 2 步：查看计算结果

按下"Enter"键，即可得到计算结果，由于单元格 E2 中暂无数据，计算结果显示为"#N/A"，如下图所示。

第 3 步：光标定位

选中单元格 E2，将光标移动到单元格的右下角，此时鼠标指针变成十字形状，如下图所示。

第 4 步：填充公式

拖动鼠标将公式填充到单元格 E37，如下图所示。

第 5 步：查看设置效果

此时，在 D 列中选中科目代码，即可从工作表"12 月期初余额表"中调出相应的会计科目，并显示在 E 列中，如右图所示。

3．根据经济业务录入记账凭证信息

接下来利用素材文件"会计业务.docx"，根据本月发生的经济业务和会计分录，依次录入记账凭证，录入完成后，效果如下图所示。

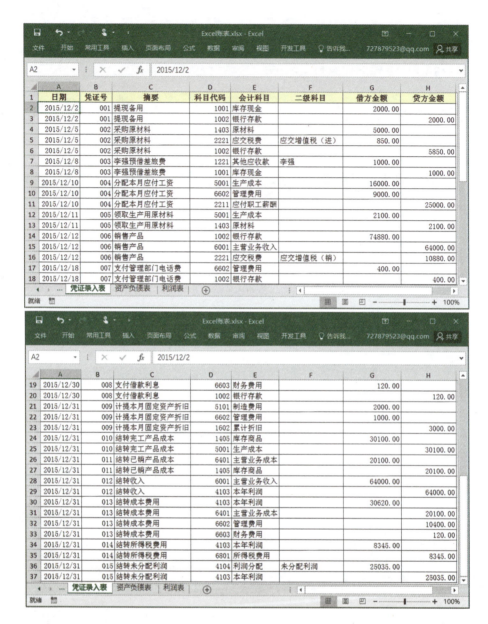

10.3.2 使用数据透视表制作总账

使用 Excel 的数据透视表功能可以快速制作总分类账，汇总各会计科目的借方合计和贷方合计，还可以双击汇总数据，调出明细数据，具体操作如下。

第1步：执行数据透视表命令

在工作表"凭证录入表"中，将光标定位在数据区域，❶单击"插入"选项卡；❷单击"表格"组中"数据透视表"按钮，如下图所示。

第2步：创建数据透视表

弹出"创建数据透视表"对话框，直接单击"确定"按钮，即可创建一个数据透视表的基本框架。

第3步：拖选数据透视表字段

在"数据透视表字段"窗口中，❶将"科目代码"复选框拖动到"筛选器"组合框中；❷将"会计科目"复选框拖动到"行"组合框中；❸将"借方金额"和"贷方金额"复选框拖动到"值"组合框中。

第4步：查看生成的数据透视表

此时，即可根据选中的字段生成数据透视表，然后将工作表名称修改为"总分类账"，如下图所示。

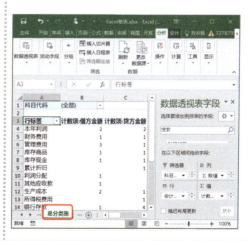

第5步：执行设置值字段命令

在数据透视表中，❶选中"借方金额"列中的任意一个数据，例如选中单元格B12；❷单击鼠标右键，在弹出的快捷菜单中选择"值字段设置"选项，如下图所示。

第6步：设置值字段计算类型

弹出"值字段设置"对话框，❶在"计算类型"列表框中选择"求和"选项；❷单击"确定"按钮，如下图所示。

第7步：查看"借方金额"求和结果

此时，即可将"借方金额"的数据显示为求和，如下图所示。

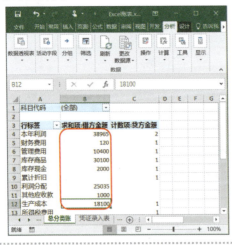

第8步：查看"贷方金额"求和结果

使用同样的方法，将"贷方金额"的数据显示为求和，如下图所示。

第 9 步：双击汇总数据

如果要查看数据透视表中汇总数据背后的明细数据，此时双击汇总数据即可，例如双击单元格 B6，如下图所示。

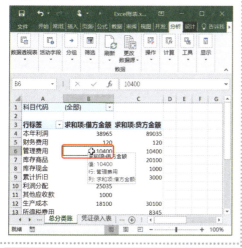

第 10 步：查看明细数据

此时，即可根据选中的汇总数据生成明细数据表，如下图所示。

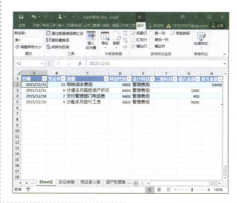

第 11 步：选择数据透视表样式

执行数据透视表样式命令，在弹出的下拉列表中选择"数据透视表样式中等深浅 19"选项，如下图所示。

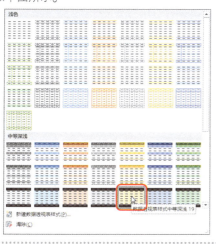

第 12 步：查看设置效果

应用样式"数据透视表样式中等深浅 19"后的最终效果如下图所示。

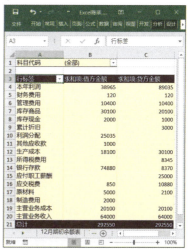

10.3.3 使用分类汇总制作科目汇总表

使用 Excel 的分类汇总功能可以快速制作科目汇总表，汇总各会计科目的借、贷方合计金额，具体操作如下。

第1步：执行移动或复制工作表命令

在工作表"凭证录入表"中，❶鼠标右键单击工作表标签"凭证录入表"；❷在弹出的快捷菜单中选择"移动或复制"选项，如下图所示。

第2步：设置移动或复制工作表选项

弹出"移动或复制工作表"对话框，❶在"下列选定工作表之前"列表框中选择"移至最后"选项；❷勾选"建立副本"复选框；❸单击"确定"按钮，如下图所示。

第3步：查看移动或复制的工作表

此时，即可在选中的工作表标签的后面创建一个名为"凭证录入表(2)"的工作表，如下图所示。

第4步：重命名工作表

将工作表"凭证录入表(2)"重命名为"科目汇总表"，如下图所示。

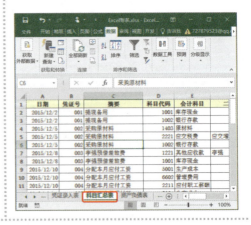

第 10 章
Excel 2106 商务办公综合应用

第 5 步：执行排序命令

选中"科目代码"列中的任意一个单元格，❶ 单击"数据"选项卡；❷ 在"数据和筛选"组中单击"升序"按钮。

第 6 步：查看排序结果

此时，工作表中的数据就会按照"科目代码"进行"升序"排序，如下图所示。

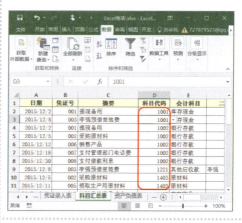

第 7 步：执行分类汇总命令

❶ 单击"数据"选项卡；❷ 单击"分级显示"工具组中的"分类汇总"按钮，如下图所示。

第 8 步：设置分类汇总选项

弹出"分类汇总"对话框，❶ 在"分类字段"下拉列表中选择"会计科目"选项，在"汇总方式"下拉列表中选择"求和"选项；❷ 在"选定汇总项"列表框中选中"借方金额"和"贷方金额"选项；❸ 单击"确定"按钮，如下图所示。

243

第9步：单击数字按钮2

此时，即可按照会计科目对凭证记录进行分类汇总，并显示第3级汇总结果，如果要显示2级汇总结果，单击左上角的数字按钮"2"即可，如下图所示。

第10步：查看科目汇总表

此时，显示二级汇总结果：各会计科目的借、贷方发生额合计，如下图所示。

10.3.4 制作科目余额表

科目余额表是反映在一个时间范围内的科目发生额合计和余额情况的重要表单。接下来利用Excel的数据计算功能，使用函数和公式制作科目余额表。

1. 计算本期发生额

SUMIF函数就有条件汇总功能，接下来使用SUMIF函数直接从"凭证录入表"中汇总各会计科目的本期发生额，具体操作如下。

第1步：创建"科目余额表"工作表

创建"科目余额表"工作表，如下图所示。

第2步：输入公式

选中单元格E4，输入公式"=SUMIF(凭证录入表!$D$2:$D$37,A5,凭证录入表!$G$2:$G$37)"，按下"Enter"键，即可计算出库存现金的借方发生额，如下图所示。

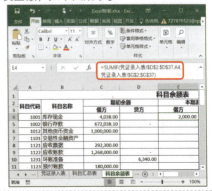

第 3 步：填充公式

选中单元格 E4，将光标定位在单元格的右下角，鼠标指针变成十字形状时拖动鼠标，将公式填充到本列的其他单元格，即可计算出其他会计科目的借方发生额，如下图所示。

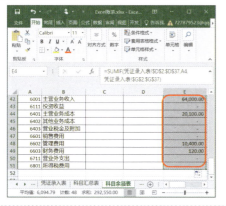

第 4 步：输入公式

选中单元格 F4，输入公式"=SUMIF(凭证录入表!$D$2:$D$37,A4,凭证录入表!$H$2:$H$37)"，按下"Enter"键，即可计算出库存现金的贷方发生额，如下图所示。

第 5 步：填充公式

选中单元格 F4，将光标定位在单元格的右下角，鼠标指针变成十字形状时拖动鼠标，将公式填充到本列的其他单元格，即可计算出其他会计科目的贷方发生额，如右图所示。

2. 计算期末余额

根据《企业会计准则》和《会计法》相关规定：

资产类、成本类、费用类科目

期末余额=期初余额+本月借方发生额-本月贷方发生额；

负债类、所有者权益类科目

期末余额=期初余额-本月借方发生额+本月贷方发生额。

计算期末余额的具体操作如下。

第1步：计算资产类科目的期末余额

选中单元格 G4，输入公式 "=C4+E4 -F4"，按下 "Enter" 键，然后将公式填充到单元格 G18，如下图所示。

第2步：计算无形资产期末余额

选中单元格 G22，输入公式 "=C22+E22 -F22"，按下 "Enter" 键，如下图所示。

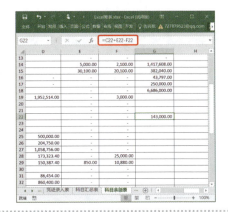

第3步：计算成本费用类科目期末余额

选中单元格 G40，输入公式 "=C40+E40 -F40"，按下 "Enter" 键，然后将公式填充到单元格 G41，如下图所示。

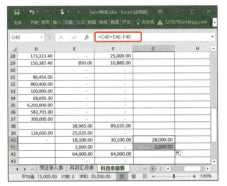

第4步：计算坏账准备期末余额

选中单元格 H10，输入公式 "=D10-E10 +F10"，按下 "Enter" 键，如下图所示。

第5步：计算累计折旧期末余额

选中单元格 H19，输入公式 "=D19-E19 +F19"，按下 "Enter" 键，如右图所示。

第6步：负债、所有者权益类科目期末余额

选中单元格H25，输入公式"=D25-E25+F25"，按下"Enter"键，然后将公式填充到单元格H39，如下图所示。

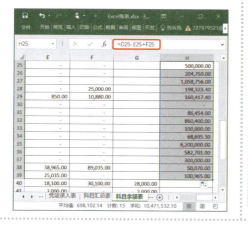

第7步：计算所得税费用的期末余额

由于没有期初余额，所以"所得税费用"科目的期末余额就等于本期发生额，选中单元格H51，输入公式"=F51"，按下"Enter"键，如下图所示。

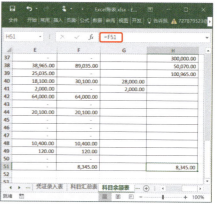

> **知识加油站**
>
> 通常情况下，损益类会计科目期末一般没有余额，因为收入、费用等科目通常在期末转入本年利润账户。

3．测试试算平衡

试算平衡是指在借贷记账法下，利用借贷发生额和期末余额的平衡原理，来检查账户记录是否正确。接下来使用 SUM 函数测试借、贷方金额是否相等，具体操作如下。

第1步：输入公式

选中单元格C52，输入公式"=SUM(C4:C51)"，按下"Enter"键，如右图所示。

第2步：查看合计结果

选中单元格C52，将光标定位在单元格的右下角，鼠标指针变成十字形状时拖动鼠标，将公式填充到本行的其他单元格，即可计算出其他项目的金额合计，从计算结果中可以看出，借、贷方的期初金额、本期发生额和期末余额都是相等的，如右图所示。

 知识加油站

在借贷记账法中，试算平衡的基本公式是：
（1）全部账户的借方期初余额合计数=全部账户的贷方期初余额合计数
（2）全部账户的借方发生额合计=全部账户的贷方发生额合计
（3）全部账户的借方期末余额合计=全部账户的贷方期末余额合计

如果上述三方面都能保持平衡，说明记账工作基本上是正确的，否则就说明记账工作发生了差错。在实际工作中，这种试算平衡通常是通过编制试算平衡表来进行调整的。

高手秘籍　实用操作技巧

通过对前面知识的学习，相信读者已经掌握了 Excel 2016 在日常办公中的实战应用。下面结合本章内容，给大家介绍一些实用技巧。

配套文件
原始文件：素材文件\第10章\实用技巧\
结果文件：结果文件\第10章\实用技巧\
视频文件：教学文件\第10章\高手秘籍.mp4

扫码看微课

Skill 01　设置倒序排列

在日常工作中，当我们拿到一份报表时，突然发现报表的整体顺序颠倒了，如果重新制作报表，无疑是非常麻烦的。此时，我们可以通过添加带编号的辅助列，然后对辅助列中的编号进行降序排列，来实现数据记录的倒序排列。具体操作如下。

第 10 章
Excel 2106 商务办公综合应用

第 1 步：打开素材文件
打开素材文件，可以看到这张某学院各班级团支部干部名单的职位顺序不符合常规，排列颠倒了，如下图所示。

第 2 步：设置辅助列
首先在表格右侧添加一个辅助列，并在单元格区域 H2:H9 中输入 1 至 8 的连续编号，如下图所示。

第 3 步：执行排序命令
选中"辅助列"中的任意一个单元格，❶单击"数据"选项卡；❷在"数据和筛选"组中单击"降序"按钮，如下图所示。

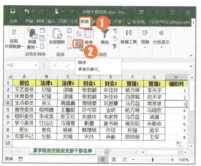

第 4 步：查看排序结果
此时，工作表中的数据就会按照"辅助列"进行降序排序，如下图所示。

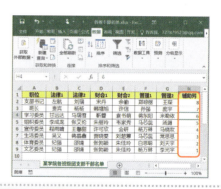

第 5 步：删除辅助列
选中辅助列，单击鼠标右键，在弹出的快捷菜单中选择"删除"选项，即可删除辅助列，如下图所示。

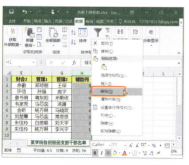

第 6 步：查看倒序排列效果
此时表格中的数据就根据原来的数据顺序，进行了倒序排列，如下图所示。

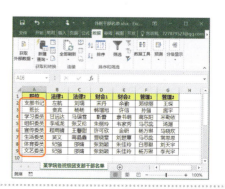

Skill 02 使用 VLOOKUP 函数制作工资条

通常情况下，财务部门每月都会向员工发放工资条，通报本月员工的工资发放情况。使用 VOOLKUP 函数的数据调用功能，可以快速从工资数据表中批量制作工资条，具体操作如下。

第 1 步：打开素材文件

打开素材文件，3 月份工资数据如下图所示。

第 2 步：制作工资条的基本框架

创建"工资条"工作表，制作工资条的表格框架，如下图所示。

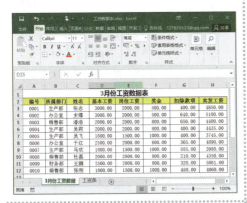

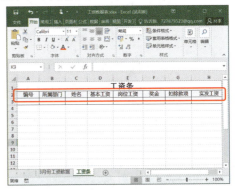

第 3 步：输入编号

选中单元格 A3，录入第一名员工的编号"0001"，如下图所示。

第 4 步：引用所属部门

在单元格 B3 中输入公式"=VLOOKUP (A3,'3 月份工资数据'!$A$2:$H$12,2,0)"，输入完毕，直接按下"Enter"键，此时，即可得到所属部门，如下图所示。

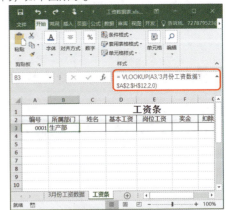

第5步：引用姓名

在单元格 C3 中输入公式 "=VLOOKUP (A3,'3月份工资数据'!$A$2:$H$12,3,0)"，输入完毕，直接按下 "Enter" 键，此时，即可得到员工姓名，如下图所示。

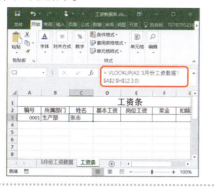

第6步：引用基本工资

在单元格 D3 中输入公式 "=VLOOKUP (A3,'3月份工资数据'!$A$2:$H$12,4,0)"，输入完毕，直接按下 "Enter" 键，此时，即可得到基本工资，如下图所示。

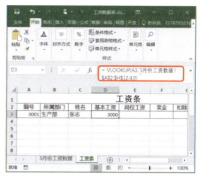

第7步：引用岗位工资

在单元格 E3 中输入公式 "=VLOOKUP (A3,'3月份工资数据'!$A$2:$H$12,5,0)"，输入完毕，直接按下 "Enter" 键，此时，即可得到岗位工资，如下图所示。

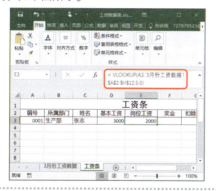

第8步：引用奖金

在单元格 F3 中输入公式 "=VLOOKUP (A3,'3月份工资数据'!$A$2:$H$12,6,0)"，输入完毕，直接按下 "Enter" 键，此时，即可得到奖金，如下图所示。

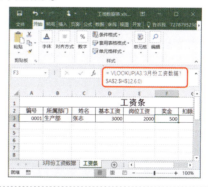

第9步：引用扣除款项

在单元格 G3 中输入公式 "=VLOOKUP (A3,'3月份工资数据'!$A$2:$H$12,7,0)"，输入完毕，直接按下 "Enter" 键，此时，即可得到扣除款项，如右图所示。

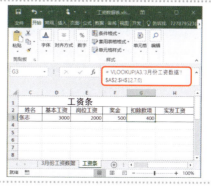

第 10 步：引用实发工资

在单元格 H3 中输入公式"=VLOOKUP (A3,'3 月份工资数据'!$A$2:$H$12,8,0)"，输入完毕，直接按下"Enter"键，此时，即可得到实发工资，如下图所示。

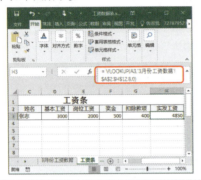

第 11 步：填充单元格区域

选择单元格区域 A1:H3，将光标移动到单元格区域的右下角，此时鼠标指针变成十字形状，按住鼠标左键，向下拖动至单元格 H30，如下图所示。

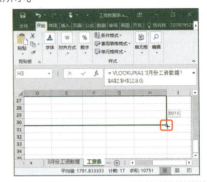

第 12 步：查看最终效果

工资条设置完毕，最终效果如右图所示。

Skill 03 制作半圆式饼图

在一些商业杂志上，我们有时候会看到造型奇特的半圆式的饼图，这种新颖的表格形式更容易引起读者的注意。接下使用旋转图表和隐藏图表系列的方法来制作半圆式饼图，具体操作如下。

第 1 步：打开素材文件

打开素材文件，根据 2011 年至 2014 年每年费用和 4 年的总费用插入三维饼图，如右图所示。

第2步:执行设置数据系列格式命令

选中数据系列,单击鼠标右键,在弹出的快捷菜单中选择"设置数据系列格式"选项,如下图所示。

第3步:设置旋转角度

在工作表右侧,弹出"设置数据系列格式"对话框,在"系列选项"组中拖动滚动条调整第一扇区起始角度的数值,将其数值调整为"270°",如下图所示。

第4步:查看设置效果

此时将图表进行旋转,合计项图表的部分正好位于图表的正下方,如下图所示。

第5步:设置数据点格式

选中合计项的数据点,单击鼠标右键,在弹出的快捷菜单中选择"设置数据点格式"选项。

第6步:设置无填充颜色

弹出"设置数据点格式"对话框,在"填充"组中选中"无填充"单选框,此时即可形成半圆式图表,如右图所示。

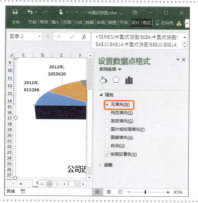

第 7 步：删除数据点的数据标签

选中合计项所在的数据标签，按下"Delete"键即可将其删除，如下图所示。

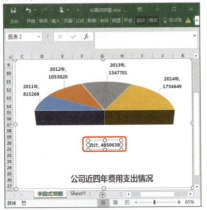

第 8 步：查看最终效果

拖动鼠标，适当调整图表标题和绘图区域的位置即可，半圆式图表的最终效果如下图所示。

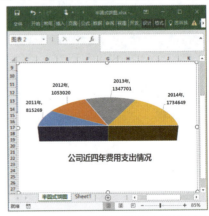

本章小结

  本章主要结合常用实例综合讲解了 Excel 在日常工作中的应用，包括员工工资数据统计与分析、使用动态图表统计和分析日常费用、Excel 在财务工作中的应用等内容，通过对本章的学习，读者可学会使用表格制作、数据计算、数据统计与分析、图表制作、数据透视分析等常用功能，轻松解决日常办公中的常见问题，如工资统计、费用计算和账务处理等。